国家杰出青年科学基金项目(51825402)
国家自然科学基金面上项目(51604110,51774135)
中国博士后科学基金项目(2018T110831,2017M612558)
湖南科技大学学术著作出版基金项目

防控高温煤岩裂隙的
无机固化泡沫技术

鲁　义　秦波涛　王海桥　施式亮　著

中国矿业大学出版社
·徐州·

内容提要

本书全面介绍了无机固化泡沫技术应用于煤矿井下高温煤岩裂隙的封堵,进而高效、安全地控制煤炭自燃火灾。全书共分7章,内容包括:无机固化泡沫形成机理,制备试验研究,凝结与隔热特性试验研究,力学性能研究,裂隙渗流、降温与堵漏试验,封堵加固隔离小煤柱防治煤炭自燃应用研究。

本书可作为高等院校安全科学与工程、采矿工程等专业高年级本科生和研究生的教学参考书,也可供煤炭行业科技人员与管理人员参阅。

图书在版编目(CIP)数据

防控高温煤岩裂隙的无机固化泡沫技术 / 鲁义等著
. —徐州 : 中国矿业大学出版社,2019.5

ISBN 978 - 7 - 5646 - 4443 - 7

Ⅰ. ①防… Ⅱ. ①鲁… Ⅲ. ①煤炭自燃—泡沫灭火—灭火剂—研究 Ⅳ. ①TD75

中国版本图书馆 CIP 数据核字(2019)第 090651 号

书　　名	**防控高温煤岩裂隙的无机固化泡沫技术**
著　　者	鲁　义　秦波涛　王海桥　施式亮
责任编辑	陈红梅
出版发行	中国矿业大学出版社有限责任公司
	(江苏省徐州市解放南路　邮编 221008)
营销热线	(0516)83884103　83885105
出版服务	(0516)83995789　83884920
网　　址	http://www.cumtp.com　**E-mail**:cumtpvip@ cumtp.com
印　　刷	江苏徐州新华印刷厂
开　　本	787 mm×960 mm　1/16　印张9.25　字数176千字
版次印次	2019 年 5 月第 1 版　　2019 年 5 月第 1 次印刷
定　　价	32.00 元

(图书出现印装质量问题,本社负责调换)

前　言

　　矿井火灾是煤矿主要灾害之一,其中煤岩裂隙漏风导致的煤自燃火灾事故占矿井火灾总数的90%以上。通常情况下,国内外多采用灌浆、注氮气、注泡沫、喷洒阻化剂、注凝胶和复合胶体等防灭火技术来防治矿井煤自燃。采用灌浆技术,浆液只是在采空区沿着地势低的地方流动,覆盖范围小、不能向高处堆积、易形成"拉沟"现象,对于缺水少土矿区,常规的灌浆实施困难;采用注氮气技术,氮气具有能惰化火区、扩散范围广等特点,但氮气易随漏风逸散,灭火降温能力也较弱;采用喷洒阻化剂技术,阻化剂会腐蚀井下设备和危害工人身心健康,防灭火效果也不甚理想;采用注凝胶和复合胶体技术,凝胶或复合胶体流量小、成本高、扩散范围小;采用注泡沫技术,泡沫稳定时间不长,破灭后难以持续封堵高温煤岩裂隙,但泡沫体材料具有良好的裂隙渗流扩散能力,能向高处堆积、对高温煤岩裂隙进行立体覆盖。为此,我们研发了一种能对高温煤岩裂隙进行覆盖降温、封堵、阻化来防治煤炭自燃的无机固化泡沫材料。

　　本书围绕无机固化泡沫这一新型防控高温煤岩裂隙技术,以表面化学、化学动力学、流体力学、工程传热学等为理论基础,通过理论研究、实验室表征分析、自制试验装置平台试验、相似物理模拟等方法,提出了简单有效的无机固化泡沫制备流程;开发了一套集逐级孔隙式发泡、中空螺旋逐次混泡的产生装置,同时探究其工作原理;基于此探究了无机固化泡沫形成过程中水基泡沫的形成与稳定机理、复合浆体中颗粒碰撞与黏附水基泡沫机理、新鲜泡沫流体稳定凝结固化机理;制备出了低排液率、高稳定性和发泡倍数的水基泡沫,确定了其与复合粉体浆液的最佳配比,添加促凝剂得到无机固化泡沫流体;通过试验研究了新鲜泡沫流体热稳定、隔热、凝结特性;探究了无机固化泡沫力学性能与密度、孔隙结构特征的拟合关系及其工程压溃过程应力应变曲线规律,并推导出其力学破坏过程中的唯象本构方程;开展了无机固化泡沫渗流、覆盖降温、堵漏隔风、高位渗流堆积性研究以及无机固化泡沫封堵加固隔离小煤柱防治煤炭自燃应用研究,为矿井煤炭自燃形成的高温裂隙防治提供一种新的技术手段和理论基础。

　　本书是研究团队成员共同完成的成果,相关工作得到了国家杰出青年科学基金项目、国家自然科学基金面上项目、中国博士后科学基金项目以及湖南科技大学学术著作出版基金项目的资助。中国矿业大学出版社对于本书的出版给予了大力支持;在书稿整理过程中,湖南科技大学硕士研究生刘艺伦、张天宇、王涛、杨帆、谷旺鑫、晏志宏等做了大量工作,在此一并表示感谢。书中引用许多国内外专家的文献资料,对这些专家和学者亦表示诚挚的谢意。

  鉴于水平和学识所限,书中难免存在不足和疏漏之处,敬请同行专家和广大读者批评指正。

著　者

2019 年 4 月

目 录

1 绪 论

1.1 研究背景及意义

中国能源资源条件的特点是富煤、少油、缺气,这决定了在未来较长时期内,煤炭在中国能源结构中仍将居主体地位[1-2]。自改革开放以来,煤炭支撑了国内生产总值实现年均 9% 以上的速度增长。2018 年,全国煤炭消费总量 27.4 亿吨标准煤,占全国一次性能源消费总量的 59%[3]。有学者预测,2020 年全国煤炭需求量将达 48 亿~53 亿吨[4-5]。显然,煤炭工业是我国国民经济和社会发展的基础产业,其健康、稳定、持续地发展直接关系到建成全面小康社会目标的实现和国家能源安全等重要问题。

随着煤炭市场的扩大、煤炭产量的不断增加,新建矿井和改扩建矿井增多以及矿井开采深度、强度增大,矿井时有安全事故发生。矿井火灾是煤矿主要灾害之一[6],其中由于煤炭自燃引发的火灾事故占矿井火灾总数的 90% 以上,每年导致的矿山直接和间接经济损失达近百亿元[7]。根据煤矿事故查询系统的不完全统计[8],2001—2015 年,全国由煤炭自燃引起的火灾事故见表 1-1。在这 15 年期间,我国共发生 770 起瓦斯爆炸事故,其中 30% 以上诱因为煤自燃。我国新疆、宁夏、内蒙古等自治区(省)还存在大面积的煤田火灾,每年烧损煤量 1 000 万~1 360 万吨,经济损失超过 200 亿元[9]。煤炭自燃产生大量的 SO_2、H_2S、CO 和 CO_2 气体会严重污染环境,造成大面积的植被破坏,使土壤沙化[10-11]。此外,为防止瓦斯事故,我国的高瓦斯矿井都采用瓦斯抽采作为治理瓦斯的根本措施,但是在瓦斯抽采过程中,由于增加了抽采区域的漏风,因此瓦斯抽采引起的煤炭自燃问题又变得十分的突出。全国 15 个主要产煤省区(市)301 对矿井中,有高瓦斯与煤自燃复合灾害的矿井占

33.2%[12]。此外,自 20 世纪 80 年代以来,由于锚杆支护技术的日益成熟和能源危机的突显,沿空掘巷工艺被广泛应用于煤矿现场,这种技术提高了煤炭资源回收率,改善了采掘接续紧张问题,具有明显的经济技术优势[13-15]。但沿采空区侧隔离煤柱和顶煤受采动影响,应力急剧变化,导致其很容易破碎,并且一般顶煤及煤柱两侧都存在压差导致巷道内风流向破碎煤体渗入,这些都为煤体自燃提供了供氧条件,一旦未能及时发现自燃征兆很可能会导致火源区域扩大并引起火灾,甚至引发瓦斯爆炸[16]。

表 1-1　2001—2015 年期间煤自燃火灾事故不完全统计

时间	事故地点	事故致因	死亡人数/人
2014-03-12	皖北煤电任楼煤矿Ⅱ8222 机巷	采空区漏风引起煤层自燃,发生瓦斯爆炸	3
2013-03-29	吉林省白山市八宝煤矿	煤自燃封闭火区引发瓦斯爆炸	36
2012-09-22	双鸭山市友谊县龙山镇煤矿	火灾事故造成顶板垮落	12
2008-08-18	西双版纳州勐腊县尚岗煤矿	自然发火区发生巷道垮塌事故	7
2008-05-17	湖南省邵阳市短陂桥煤矿	煤层自然发火,引发瓦斯爆炸	8
2008-03-05	吉林省辽源市东辽县金安煤矿	煤层自然发火后导致局部冒顶	17
2007-06-24	辽宁省阜新市隆兴煤矿海州区井	火灾事故	4
2006-12-28	吉林省长春市双阳区双鑫煤矿	封闭自然发火的采空区,发生瓦斯爆炸	4
2005-01-21	辽宁省铁煤集团大明煤矿	煤炭自然发火,引起瓦斯爆炸	9
2005-01-07	河南省三门峡市一取缔矿井	井下自燃,救护队 4 名队员下井侦查时突然发生瓦斯爆炸	4
2004-07-03	云南省曲靖市东源煤业兴云煤矿	掘进面发生火灾事故	7
2003-12-11	新疆乌鲁木齐安宁渠煤矿	火灾事故	9
2002-01-07	四川省安县睢水镇联营煤矿	封堵南上山局部煤层自燃区时发生火灾事故	4
2001-12-29	四川省江安县红桥镇振兴煤矿	采空区自燃,造成人员一氧化碳中毒	4

我国西部神东、陕北、黄陇、宁东和晋北等大型煤炭基地,具有煤层易自燃、埋藏浅(埋深一般在 30～250 m)、煤层间距离近(层间距为 30～50 m)、顶板基岩薄等特点[17]。许多矿井的第 1 层主采煤层(上煤层)已经或即将采完,已开始回采第 2 层主

采煤层(下煤层),由于煤层群间距小,下煤层开采时上、下采空区采动裂隙贯通(甚至与地表裂隙沟通),形成了近距离复合采空区。这使得开采过程中地表漏风严重,自然发火十分频繁,极大地影响了矿井的安全高效开采,造成了巨大的经济损失和重大的社会影响。据不完全统计,西部矿区近10年发生了200次以上导致封闭工作面的煤自燃事故,直接经济损失超百亿元[18]。

国内外通常采用灌浆[19-21]、注氮气[22-24]、注泡沫[25-27]、喷洒阻化剂[28-30]、注凝胶和复合胶体[31-33]等防灭火技术来防治矿井煤自燃。采用灌浆技术,浆液在采空区只是沿着地势低的地方流动,覆盖范围小,不能向高处堆积,易形成"拉沟"现象,对于缺水少土矿区,常规的灌浆实施困难;采用注氮气技术,氮气具有能惰化火区、扩散范围广等特点,但氮气易随漏风逸散,其灭火降温能力也较弱;采用注泡沫技术,虽然泡沫能克服注浆与注氮气的一些缺点,并能向高处堆积,但大流量、扩散能力强的泡沫在倾角小的大采空区流动扩散范围也有限,仍不能完全且有效地覆盖大采空区的浮煤和漏风裂隙;采用喷洒阻化剂技术,阻化剂会腐蚀井下设备和危害工人身心健康,防灭火效果也不是很理想;采用注凝胶和复合胶体技术,凝胶或胶体泥浆流量小,成本高,扩散范围小。因此,有必要研究一项集堵漏控风、降温隔热、充填加固为一体的防治煤层自燃的新型技术。

1.2　国内外研究现状

1.2.1　防治煤炭自燃技术

1)堵漏控风防治煤炭自燃

堵漏控风是指通过减少或杜绝松散煤体氧气的供给,抑制煤的氧化反应,从而达到防灭火的目的。根据风量、风压与风阻关系,漏风量随漏风风路两端风压差的增大而增大,随漏风风阻的增大而减少。因此,减少采空区漏风应该从降低风压差和增大风阻两方面着手采取措施。堵漏控风技术手段主要有均压和封堵两种。

均压技术于20世纪50年代由波兰的通风防灭火专家[34-35]提出,到60年代世界上一些采煤发达的国家开始采用[36-38],我国也在抚顺、大同、鹤岗、义马等矿区进行了现场应用[39-43]。现有均压防灭火方法的应用研究主要集中在单一煤层工作面或已采采空区阶段性调压。对于易自燃煤层综放开采工作面,在工作面上部有通达地表的裂隙或小窑采空区分布形成工作面后部采空区漏风的条件下,采用均压技术可有效地防止综放开采过程中采空区煤炭自然发火。而对于近距离煤层群的开采,因漏风裂隙的发育,要完全密封火区是不可能的,采用均压防灭火技术可有效减少采空区的漏风,抑制煤层自燃过程的进一步发展。

封堵技术就是对通往矿井火区的漏风通道进行封堵,增加漏风风阻,从而控制漏风程度,减少向火区供氧的防灭火技术。从 20 世纪 80 年代开始,国外一些拥有先进采矿安全技术的国家,如波兰、英国、德国、法国、南非、澳大利亚、美国等,研究出多种用于煤矿井下采空区密闭、空洞填充、裂隙堵漏的材料,并在数十个国家推广应用。矿用充填堵漏材料按其基材成分主要分为无机材料和有机材料两大类,见表 1-2。

表 1-2 现有矿用封堵材料类比分析

材料名称	优点	不足	备注
粉煤灰[44]	粉煤灰变废为宝,成本低廉	施工较复杂	基材为无机材料
石灰、石膏与高分子纤维轻质充填材料[45-46]	抗压能力强	施工量大且小裂隙封堵效果不佳	
水基轻质、高倍阻化技术泡沫、液压泡沫等[47]	施工速度快、效果好	施工设备复杂、易产生裂缝、固化时间不可调	
胶体泥浆[48-50]	降温、堵漏、防灭火效果好	流动性差、长距离输送难	
无机发泡水泥[51-52]	质量轻、成本低、流动性好	发泡倍数低,固化时间长	
无机固化膨胀材料[53]	堆积性、固化性、膨胀及抗压性较好	流动性差,管路输送困难	
复合黏土喷涂材料(CCS)[54]	阻燃性好、气密性好、成本低	用于巷道和密闭喷涂,对采空区裂隙封堵效果一般	
有机固化泡沫[55]	体积不收缩、不破灭、闭孔结构气密性好	原料游离物超标,阻燃性差,反应温度高	基材为有机材料
高分子胶体[56]	密封性、降温灭火性好	失水漏风,承压能力弱	
马丽散泡沫[57]	密封性好,抗压性强,黏结性强	高温易分解,用于局部构筑快速密闭,成本高	
罗克休泡沫[58]	阻燃性好,高温稳定,尺寸稳定性好,不收缩,抗静电	成本高,固化时间不可调,应用范围受限制	
艾格劳尼泡沫[59]	膨胀率高,材质轻,不传热,封堵速度快,成本低	抗压强度低,不抗冲击,聚合材料有一定的气味	

2)惰性气体防治煤炭自燃

惰性气体防治煤炭自燃主要是通过向火区或有煤层自燃危险区域注入惰性气

体。惰性气体主要有氮气和二氧化碳;注入的相态主要有气态和液态两种,两种形态的灭火方式均有比较显著的防灭火效果。国内外煤矿企业早在1950年就开始利用氮气和二氧化碳进行煤矿井下防灭火,取得了很好的效果[60-62]。我国在20世纪90年代,已有21个矿区、34个综放工作面采用注氮防灭火技术。近年来,由于制氮装备和技术的不断发展以及煤矿现场的实际需要,氮气防灭火技术已经在国有重点煤矿获得了广泛应用[63-67],已作为综放工作面防治煤自然发火的一项重要技术措施。而二氧化碳防灭火技术充分利用了CO_2密度比空气大、抑爆性强、吸附和阻燃等特点,可在一定区域形成CO_2惰化气层,并且CO_2密度大、易沉积于底部,对低位火源具有较好的控制作用[68-69]。我国窑街和兖州等矿区都曾采用二氧化碳治理过煤层火灾[70-71],并且使用效果良好。CO_2具有灭火能力强、速度快、使用范围广、对环境无污染等优点。

3)降温防治煤炭自燃

降温防治煤炭自燃的技术包括注浆和液氮(二氧化碳)。目前,国内煤矿中应用最为普遍的注浆防灭火就是将不燃性注浆原料(黏土、粉煤灰、煤矸石以及砂等固体材料)粉碎或颗粒化后与水按一定配比制成浆液,泵送到采空区中遗煤富集、易自燃危险区域,进行覆盖降温,以阻止煤炭氧化产热或扑灭已经燃烧起来的煤层。注浆是目前防治煤层自然发火最经济、最有效且应用最为广泛的防灭火技术措施之一[72]。

液氮(二氧化碳)具有流量大、扩散范围广、惰化范围宽及灭火降温速度快等优点[73]。国外主要产煤国家20世纪60年代已将液氮用于井下防灭火,如联邦德国1974年采用液氮成功扑灭了39次矿井火灾[74],苏联在1979年利用液氮扑灭矿井的煤自燃也取得了成功,之后英国、美国、印度等国家也逐渐开始液氮防治煤自燃的研究[75]。我国液氮(二氧化碳)防灭火应用研究起步比较晚。近年来,神华宁夏煤业集团公司应用液氮在羊场湾、汝箕沟等矿井的煤自燃事故治理中取得了良好的效果[76]。

4)阻化剂防治煤炭自燃

阻化剂一般是具有一定黏度的液体或者液固混合物,能够覆盖包裹煤体,使煤体与氧气隔绝,可喷洒使用。一方面,阻化剂含有水分,并且一些阻化剂具有吸收空气中的水分使煤体表面湿润的功能,这样煤体的温度在水分的作用下就不容易上升;另一方面,阻化剂作为一种化学成分加入煤的自由基链式反应过程中,生成一些稳定的链环(也有学者提出是与煤分子发生取代或络合作用),提高煤表面活性自由基团与氧气之间发生化学反应的活化能,使煤表面活性自由基团与氧气的反应迅速放慢或受到抑制,从而起到阻止煤炭自燃的作用[77-78]。阻化剂防灭火技术工艺简单,设备少,材料来源广泛,是目前易自燃煤层开采过程中必备的防灭火手段。

1.2.2　泡沫体材料防治煤自燃技术

连续供氧是煤层自燃的必要条件之一,无论是矿井火灾还是煤田火灾,都是由于漏风通道为松散浮煤提供氧气而引起的。但是,现场火区或煤易自燃区域的裂隙通道往往复杂交错,且裂隙纵向延伸至高位处。泡沫体封堵材料因其良好的裂隙渗透能力、能向高处堆积、立体覆盖等特点而越来越受到国内外学者的重视。目前,国内外煤矿关于泡沫体材料防治煤炭自燃技术的研发及其特性的主要研究成果分析如下:

1)惰性气体泡沫

惰性气体泡沫防灭火是 20 世纪 70 年代兴起的防灭火技术;进入 80 年代后,法国、苏联、保加利亚、波兰等主要产煤国家便开始研究惰性气体泡沫防治煤炭自燃技术[79],取得了较为显著的成效,该技术能起到降温、减少漏风、降低采空区氧浓度等作用。我国在 20 世纪 90 年代初,在"八五"科技攻关项目的支持下也开展了压注惰性气体泡沫防治采空区自然发火的研究[80],惰性气体泡沫由惰性气体和水两相物质组成,通过在水中加入起泡剂和其他添加剂,引入氮气,通过物理发泡的方法来制取。但这种泡沫的稳定性不高,稳定时间短,若用来扑灭采空区和煤壁深部的火源,就需要提高泡沫液膜的强度和稳定性,降低泡沫液的表面张力,达到延长泡沫稳定时间的目的。向采空区注入惰性气体泡沫的实质就是以有压惰性气体为气源,通过泡沫发生装置连续大量地产生惰性气体泡沫,沿管路或钻孔压向采空区和煤堆内部,并让它们保存在垮落的矸石缝隙之中,形成堵漏带,阻止风流进入采空区,从而预防煤自燃。但惰泡在碎煤中压注,发泡性能很差,起泡倍数低,若仅起阻化剂作用,则成本太高,且效率太低。对已形成高温的浮煤,仅依靠惰性气体泡沫隔氧灭火,泡沫注入量很大,且一旦停止注泡沫,煤层很容易复燃。

2)阻化泡沫

阻化泡沫以具有流动性、可堆积性、体积膨胀性的泡沫为载体,将阻化剂材料带入到用常规材料和方法难以达到的地方,通过惰性气体、水、阻化剂三者对采空区遗煤进行惰化、湿润、阻化的综合作用,来降低采空区遗煤自然发火的概率,实现煤矿的安全生产。国内主要有中国科技大学研制的 FR-1 型阻化泡沫[81],并在南屯煤矿防治采空区煤自燃中得到成功应用。中煤科工集团重庆研究院研制了高倍阻化泡沫[82],并在东滩煤矿易自燃区域进行了应用,1 m³ 液体材料能够填充 200 m³ 左右的孔隙,一般能够充填 500～1 000 m³ 采空区或者与采空区相似的其他区域,其防灭火成本也就非常小。高倍阻化泡沫不但适用于煤自燃发展到明火燃烧阶段的灭火,更适用于防止煤的自然发火。

3）凝胶泡沫

凝胶泡沫是将聚合物分散在水中,加入发泡剂并在氮气的作用下发泡形成的复杂混合体系[83]。经过一段时间后,在泡沫液膜内,聚合物间相互交联形成三维网状结构,构成凝胶泡沫的刚性骨架[84-85]。防灭火凝胶泡沫的性质很特别,既具有凝胶的性质,又具有泡沫的性质,兼有注三相泡沫(注泥浆、注氮气、注两相泡沫)、注凝胶、注复合胶体的优点,同时又克服了各自的不足,大大提高了防灭火效果[86]。在煤矿防灭火方面,中国矿业大学张雷林[87]开展了凝胶泡沫材料及特性的实验研究。北京科技大学谢振华等[88]在东龙煤矿7162工作面采空区灌注凝胶泡沫材料进行防灭火。河南理工大学于水军等[89]利用新型无机发泡胶凝材料和发泡注浆设备,在平顶山煤业十三矿进行了采面回风巷高冒区托顶煤火灾防治研究。

4）三相泡沫

防治煤炭自燃的三相泡沫由固态不燃物(粉煤灰或黄泥等)、气体(N_2或空气)和水这三相防灭火介质组成[90]。也就是说,在粉煤灰或黄泥浆液中添加发泡剂并引入气体,通过物理机械搅拌,使粉煤灰或黄泥颗粒均匀地附着在气泡壁上的多相体系,即三相泡沫。在矿井灌浆系统中加入氮气,使泥浆发泡、体积增大,大流量的三相泡沫能在采空区中形成面与三维的流动方式,较之一般的水浆流动,其覆盖面广,并可向上部堆积,能将更多的水、固体不燃物带入防灭火区域,防灭火效果显著。成果已经在宁夏白芨沟煤矿、辽宁大兴煤矿、河南耿村煤矿、江苏姚桥煤矿、山东柴里煤矿、新疆大黄山煤矿、贵州大湾矿、安徽国投新集二矿、陕西玉华煤矿等100多个矿井得到应用,取得了显著的社会效益和经济效益。

5）耐高温泡沫泥浆

国外学者科莱兹(Colaizzi)[52]以水泥、石灰、粉煤灰、聚合物及专用发泡剂制备了一种高流动性、耐高温的浆体(cellula grout)来防止煤层自燃,该浆体能够同时对火灾形成三要素进行有效处理。斐乐(Feiler)等[91]也提出采用类似的泡沫泥浆注入煤田火区裂隙、漏风通道处进行高温裂隙封堵防止煤自燃。但是,其主要利用的是无机材料在煤田火区中的耐高温特性,并未对泡沫浆体在裂隙中的渗流特性、隔热特性、气密特性、抗压特性等进行深入研究。

保加利亚索非亚大学的米查洛夫(Michaylov)[92-93]领导的课题组开展了泡沫泥浆防灭火的应用技术研究,他们采用粉煤灰、氮气和水作为材料制作成泡沫泥浆,在实验室试验不外加气源搅拌条件下发泡倍数2～5倍,发现泡沫稳定时间低于2 500 s。尽管他们将泡沫泥浆应用于巴维奥煤矿(Babio Mine)的煤层自燃防治,但没有开展泡沫浆体的流动特性的后续研究。

6）固化泡沫

奚志林[55]采用树脂液原材料 A_1 和 A_2、发泡剂、固化剂、催化剂等成分研制了一种矿用防灭火有机固化泡沫。针对该预聚体遇空气会发生固化反应以及抛射剂进入空气后会汽化等特点,研制了将树脂液、表面活性剂和抛射剂封装于一体的单组分有机固化泡沫包装体系;并测试了其发泡倍数、固化时间、附着力、阻燃性、堵漏风效果等。但是,对于有机固化泡沫的形成机理有待进一步深入研究,当前没有构建大型的防灭火实验平台,也没有研究有机固化泡沫更为简易的发泡方式;也没有对抗压性能与发泡倍数之间关系进行研究;需要结合现场实践进一步完善矿用有机固化泡沫及装置的理论研究。

胡相明[94]、王帅领[95]以苯酚、尿素和多聚甲醛为聚合单体通过一步法创新性地合成了酚-脲-醛树脂,研制了矿用充填堵漏风新型复合泡沫及其产生装置;同时对材料的发泡温度、收缩率、抗压强度、阻燃性和热稳定性进行了研究。但是复合泡沫的发泡装置中的混合枪、气缸泵等需要调整,以提高树脂、催化剂及添加剂的混合均匀程度;同时文献未深入研究复合泡沫的渗流特性、流变规律和固化机理,复合泡沫的现场应用技术工艺有待提高。

史美静[96]以原材料 A 和 B 研制了一种固体泡沫封堵材料,并对其发泡倍数、燃烧特性、泡沫发泡固化过程以及燃烧过程生成的气体成分进行了试验研究,未对其抗压强度、气密性、耐腐蚀性等特性进行研究。同时,对固体泡沫封堵材料封堵巷道后,其密实程度如何、能否保持很高的气密性等问题,以及长时间后的保水性能和防止封堵时间长后脱水干裂、产生裂隙引起漏风等关键性能参数,该研究并未进行深入探讨。

赵大龙[53]结合目前国内外用于矿井工作面巷道密闭充填堵漏材料的特点,开发出一种以粉煤灰和水泥为骨料的新型无机固化膨胀充填材料并研究出适用于无机固化膨胀充填材料的装备系统;并且根据井下实际需要对其初凝时间、抗压强度、膨胀倍率、堆积性、固化性、膨胀性和抗压性进行测试,取得了一定的成果。但其对水泥复配体系的研究仍然停留在表面,仅仅从宏观角度来研究了各组成成分对材料性能的影响,没有从微观角度来研究气孔结构对材料性能的影响;另外,确定无机固化膨胀充填材料的试验配合比时,只考虑了单因素对材料性能的影响,没有得出充填堵漏材料不同抗压强度下科学合理的密闭厚度参数。

杨海[97]使用 A 和 B 两种无机材料,研制了一种矿用固化泡沫防灭火密闭充填新技术。由配套充填装置发泡并压注,至充填地点时会很快凝固并在一定时间内完成固化,可以满足煤矿井下顶板垮落空洞、密闭充填、巷道隔断密闭充填、巷帮包帮、松动圈密闭充填等各种防灭火密闭需要。其发泡倍数现场实测在 3 倍左右,未对该无机材料的形成机理及防治煤自燃过程中的热稳定性、隔热特性、孔结构特征、动态载荷情况下力学变化规律等进行深入研究,其泡沫产生装置也只是采用普通的注浆泵,发泡效果、泡沫混合均匀度、稳定系数等均受到制约;同时,该研究并未对材料的黏度时变性、流变模式、渗流扩散规律、堆积性进行深入研究。

由以上分析可知,虽然泡沫体材料因其自身结构特征在防治煤炭自燃过程中具有一定的优越性,但针对防治煤炭自燃的高温煤体覆盖降温、松散煤岩体漏风通道渗流扩散封堵、高位火源点堆积接触、高温火源区域蔓延阻断、裂隙通道封堵后期持续密实等应用特点和指标,上述材料在发挥其自身优越性的同时都或多或少地存在某些局限性。本书提出的无机固化泡沫体材料能够很好地解决降温、堵漏、隔热、抗压等问题,其新鲜状态下(泡沫流体状态)能够向高处堆积,覆盖包裹高温煤体进行降温,热稳定性及隔热能力显著,在煤田地表裂隙和井下裂隙中有很好的流动渗透特性以及有良好的可泵送性,凝固时间可调,凝结固化后形成的固化泡沫孔隙率高(闭孔),能堵漏隔氧、隔热、阻断高温火源区域蔓延,具有一定的抗压强度,能承受部分采动应力变化影响,可有效减少煤岩固结体二次裂隙发育。

1.2.3　水泥基泡沫体材料及性能研究

由以上分析可知,无机固化泡沫属于水泥基泡沫体材料。目前,常见的水泥基泡沫体材料主要是发泡水泥和泡沫混凝土,有关其材料及特性的研究总结如下。

水泥基泡沫体材料目前应用于地暖保温层、屋顶、墙壁、各种土木工程建设和构件制作相关工程。水泥基泡沫体材料的质量与发泡剂的性能密不可分,优异的发泡剂是制备高品质发泡水泥的关键因素。国外发泡剂研究起步很早,且技术发展较快,无论是蛋白类发泡剂和表面活性剂复配均有一定的研究成果。西沃利(Savoly)等[98-99]采用两种表面活性剂复配制备了发泡液,这类发泡剂目前应用于石膏板墙体材料中。伊士吉麻(Ishijima)等[100]采用水分散性铝粉浆体配制出性能优异的发泡剂。奥亚萨托(Oyasato)等[101]将一种变性蛋白质与藻酸盐提取物复合制成优良的发泡剂,该发泡剂制得的泡沫尺寸长时间不变,具有极强的稳定性,该研究为从微观角度对泡沫稳定性进行分析研究提供了条件。发泡剂在我国的应用已有50多年的历史[102],但总体不够理想,如质量偏低,功能偏少。目前,我国的发泡剂正向第四代发展,开始由单一成分组成变为多成分复合[103-104]。肖红力[105]确定了以十二烷基磺酸钠(LAS)为主要成分的发泡剂,选用不同类型的表面活性剂与其复配,包括阴离子、非离子以及两性离子,对制备的泡沫水泥性能进行了试验研究。

对于水泥基泡沫体材料的性能,国内外学者同样做了大量的研究。赵铁军等[106]探索研究了粉煤灰在掺量很大时对泡沫混凝土抗压强度的影响,在一定条件下,粉煤灰替代水泥用量高达75%。郑念念等[107]研究了通过掺加聚丙烯纤维的方法来改善泡沫混凝土的抗干缩开裂能力和后期强度。琼斯(Jones)等[108]和吉特柴亚福(Jitchaiyaphum)等[109]研究表明,在泡沫混凝土中用未经任何处理的低钙粉煤灰来代替一定量的砂,从而使泡沫混凝土的流动性和后期强度得到显著的提高。卡尔斯雷(Kearsley)等[110-112]研究了泡沫混凝土内部孔隙对其渗透性的影响,研究结果表明:泡沫混凝土的表干密度将直接影响泡沫混凝土的孔隙率,而渗透性是由气体渗透性和吸水率这两个指标来衡量的。泡沫混凝土的气体渗透性随孔隙率、粉煤灰掺量的增加而增大,而其吸水率与气孔的体积、粉煤灰种类以及粉煤灰掺量没有直接关系。

关于水泥基泡沫体材料孔结构与性能,一般而言,在孔隙率相同的条件下,泡沫混凝土孔隙尺寸越大,导热系数越高;泡沫孔隙相互连通比封闭而不连通的泡沫导热系数要大。与同密度的蒸压加气混凝土相比,泡沫混凝土所含气孔直径小、数量多,因此导热系数较小,具有更好的保温性能。周顺鄂等[113]对不同密度的泡沫混凝土导热系数进行测试,在考虑气孔形状和尺寸因素时,运用平板模型、Maxwell 模型及其改进模型对试验结果进行分析,用数学模型进行曲线拟合,提出了适用于泡沫混凝土的导热系数方程。昆哈南丹(Kunhanandan)等[114]在水泥净浆、水泥砂浆、普通混凝土适用的抗压强度与孔隙率模型基础上,提出了泡沫混凝土抗压强度与密度、孔隙率的关系模型。

目前,关于水泥基泡沫材料的研究多集中于以下几个方面:

(1)水基泡沫用发泡剂的研制。

(2)基材中骨料、矿物掺合料、外加剂与材料抗压强度、孔结构、渗透性、导热系数等性能相关性研究。

(3)水泥基发泡材料在不同工程领域的应用研究。

这是因为水泥基泡沫体材料目前的主要应用领域仍然在建材、土木行业,其对应的特性研究及改性都是基于应用背景而开展的,而关于水泥基泡沫体材料应用于煤矿防治煤炭自燃,其新鲜泡沫在流体状态下的凝结特性、在复杂裂隙网络中的渗流扩散规律、堆积性、对隐蔽高温火源点降温特性、堵漏风特性、热稳定性、隔热特性,以及固化后的抗压能力、弹性模量、在动载荷条件下的压溃过程及应力应变变化规律、孔隙结构对力学性能与热工性能的影响等煤矿(田)现场火灾防治中亟待研究的关键问题,目前尚未有人对此进行系统研究。

此外,目前煤矿现场无专门的水泥基泡沫体材料产生装置,常采用传统移动式注浆装置,将发泡剂和浆液一起搅拌混合,将发泡和混合两个过程通过螺杆搅拌集成在一起,大大降低了泡沫的起泡能力,泡沫浆体发泡倍数低且泡孔不均匀、稳定性差;传统建材领域则有可以混合泡沫与浆液的搅拌机,但在狭窄的井巷空间中不便应用。近年来,建材领域改进了预制泡沫、黄泥(水泥、粉煤灰)浆液的混合工艺,泡沫液和浆液两股高压流体通过三通混合,然后经过静态混合器再次深入混合均匀,但是在混合过程中由于泡沫液一次添加,泡沫率高,大约为40%。同时,矿用水泥基泡沫体材料因现场对材料性能的要求,必须在较短时间内凝结固化,其黏度也远大于普通泡沫混凝土现浇工艺的要求。为此,对于无机固化泡沫的产生装置也需要科研人员进行深入研究。

2 无机固化泡沫形成机理

无机固化泡沫是由水基泡沫和复合浆体混合而成的初始新鲜状态呈泡沫流体状，凝结固化后成为多孔泡沫体塑性材料。其形成过程包括以下几个方面：①水基泡沫的形成与稳定；②混合过程中复合浆体中颗粒碰撞、黏附、覆盖水基泡沫液膜；③液膜中颗粒被改性及稳定泡沫；④泡沫流体从流体状态到固化状态过程中泡沫体系的凝结与固化。下面从这 4 个过程分别阐述无机固化泡沫的形成机理。

2.1 水基泡沫形成与稳定机理

泡沫是不连续的分散相（气体）在连续的分散介质（液体）中形成的一个复合多相分散体系。在制备泡沫的过程中，液体中的气泡在密度差的作用下易在液面上形成以少量液体构成的液膜隔开气体的气泡聚集物——泡沫[115]。根据分散介质的类型，可分为水基泡沫和油基泡沫。以水作为分散介质的泡沫称为水基泡沫；相应地，以有机物作为分散介质的泡沫称为油基泡沫。

以纯水为分散介质的体系是不能形成水基泡沫的。当我们用玻璃管向蒸馏水中吹气时，虽然也能产生气泡，但是气泡存在的时间很短，气泡离开水面后马上就破裂[116]，其他纯液体如 SDS、CTAB、LA、NaCl 溶液等，经过压风吹泡也难以形成气泡。这就说明，单一某种纯液体不能形成稳定的泡沫，只有液体中存在两种或者两种以上的组分时才有可能形成较为稳定的泡沫。市面上的发泡剂主要是表面活性剂和水混合而成的溶液，有些发泡剂在用于发泡时还需要事先用水稀释一定倍数，形成表面活性剂稀释液。这是因为利用溶液中的表面活性剂分子能够吸附在气液界面处，形成一定厚度的分子膜，对整个泡沫体系起到支撑和稳定作用。如图 2-1 所示，为了更生动地解释水基泡沫的形成过程，插入通气管，向表面活性剂水稀释液中通入一定量气体,此时在表面活性剂稀释液内部就会形成气泡。其中,表面活性剂分子会在气泡表面形成有序排列的分子膜,排列的形式为疏水基伸向气泡内,亲水基插入表面活性剂水溶液中。形成的整个气泡体系由于密度差产生的浮力作用,逐渐上升直至浮出表面活性剂稀释液面,此时气泡由于接触到外部空气便形成了内、外两个气液界面,表面活性剂分子便在这两个气液界面上展开,定向排列形成双吸附层。如前所述,有很多气泡不断地浮出液面,在液面上部聚集在一起,形成如图 2-2 所示的蜂窝状的泡沫,其中 BT-1600 图像颗粒分析系统如图 2-3 所示。从泡沫的光学显微结构图可以看出,气泡的形状以五边形和六边形为主,泡沫中的液体主要分布在液膜、普拉托(Plateau)边界和节点上。

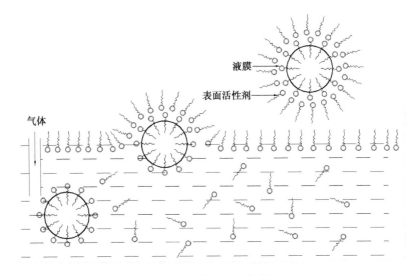

图 2-1　水基泡沫形成过程

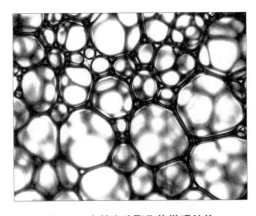 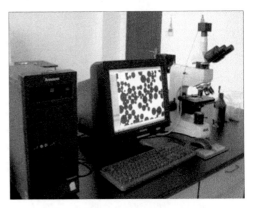

图 2-2　水基泡沫聚集体微观结构　　　　图 2-3　BT-1600 图像颗粒分析系统

由于上述吹气形成的泡沫属于热力学不稳定体系,因此泡沫会自发地不断衰变,该过程可以通过技术手段减缓,但永远无法阻止。为了更好地研究泡沫的衰变机理,就需要深入分析泡沫的结构、组成要素、性质等内容。早在 19 世纪 70—80 年代,比利时物理学家 Plateau 定义具有热力学不稳定性的泡沫体系如下:泡沫是由液膜、Plateau 边界和节点 3 个结构要素按照一定的内部结构法则组成的动态热力学体系[117]。其中,Plateau 边界和节点是多个液膜通过一定的结构法则组合而形成的,它们构成了泡沫内液体在重力作用下排出的通道,在泡沫的衰变机理中起到间接作用。因此,水基泡沫的衰变过程其实就是泡沫内液膜的衰变过程,包括 3 种基本现象:液膜排液、液膜破裂和气体扩散。其中,液膜排液过程是造成水基泡沫的最直接和最根本原因。水基泡沫排液是指泡沫液膜中的表面活性剂稀释液受外部作用力(重力)、内部作用力(毛细管力和黏滞力)的共同作用,在 Plateau 通道及节点内发生动力学运移,最终导致气、液两相分离的过程。图 2-4(a)为水基泡沫体系的光学微观结构放大图。为了更加详细地分析水基泡沫的排液过程,在其中取出一个流体微元(截面为凹三角形,长度为 dy)为研究对象,其所受到的内部和外部作用力如图 2-4(b)所示。

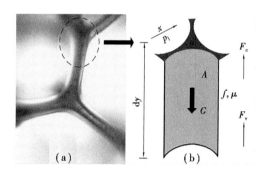

图 2-4　Plateau 通道内流体微元的受力分析

图 2-4(b)中的凹陷三角形区域为 Plateau 边界的横截面。在流体微元受力分析图中,其内部作用力——毛细管力(F_c)、黏滞力(F_v)以及外部作用力——容重(G)的计算如式(2-1)至式(2-3)所列:

$$F_c = -\frac{\partial p_1}{\partial x} \tag{2-1}$$

$$F_v = -\frac{f\mu u}{A} \tag{2-2}$$

$$G = \rho g \tag{2-3}$$

式中　p_1——Plateau 通道内的表面活性剂稀释液的压力,Pa;

　　　μ——表面活性剂溶液的动力黏度,Pa·s;

f——流体微元的平均排液速度，m/s；

u,A——与 Plateau 边界形状有关的参数；

A——Plateau 边界的横截面积，m^2；

ρ——泡沫液膜内表面活性剂的密度，kg/m^3；

g——重力加速度，m/s^2。

根据拉普拉斯（Laplace）定律可知，受表面张力的作用，弯曲液面的内、外两侧存在着压力差（p_l），可以用式（2-4）来表示：

$$p_l = p_g - \sigma/r_p \tag{2-4}$$

式中　p_g——气泡内的压力，Pa；

σ——表面张力，N/m；

r_p——Plateau 边界的曲率半径，m。

假设曲率半径和 Plateau 通道横截面的外接三角形相等，则横截面积可以由曲率半径计算得出：

$$A = \left(\sqrt{3} - \frac{\pi}{2}\right)r_p^2 \tag{2-5}$$

联立式（2-1）、式（2-4）和式（2-5），可得 Plateau 通道内毛细管力的一般表达式为：

$$F_c = -\frac{\left(\sqrt{3} - \frac{\pi}{2}\right)\sigma}{2\sqrt{A}}\frac{\partial A}{\partial x} \tag{2-6}$$

当流体微元达到受力平衡时，内部作用力和外部作用力的受力矢量和为零：

$$\boldsymbol{G} + \boldsymbol{F}_c + \boldsymbol{F}_v = \rho g - \frac{\left(\sqrt{3} - \frac{\pi}{2}\right)\sigma}{2\sqrt{A}}\frac{\partial A}{\partial x} - \frac{f\mu u}{A} = \boldsymbol{0} \tag{2-7}$$

将式（2-1）变形，可得流体微元的平均速度与横截面积之间的关系：

$$u = \frac{1}{f\mu}\left[\rho g A - \frac{\left(\sqrt{3} - \frac{\pi}{2}\right)\sigma}{2}\frac{\partial A}{\partial x}\right] \tag{2-8}$$

将式（2-8）代入连续性方程$\frac{\partial \rho}{\partial t}\nabla \cdot \rho u = 0$，则：

$$\frac{\partial A}{\partial t} + \frac{\partial(Au)}{\partial x} = 0 \tag{2-9}$$

得到 Plateau 边界内的排液方程为：

$$\frac{\partial A}{\partial t} + \frac{1}{fu}\frac{\partial}{\partial x}\left[\rho g A^2 - \frac{\left(\sqrt{3} - \frac{\pi}{2}\right)\sigma}{2}\frac{\partial A}{\partial x}\right] = 0 \tag{2-10}$$

由式(2-10)可知,水基泡沫液膜的排液速度可以定性分析如下:

(1)液体的黏度越大,平均速度就越小,排液也就越缓慢,说明向表面活性剂溶液中添加黏性物质后会减缓泡沫的排液速度。例如,在表面活性剂溶液中添加高分子聚合物如聚乙烯醇(PVA)、羧甲基纤维素(CMC)、羟乙基纤维素(HEC)等。一般的高分子聚合物呈链状结构,在水分子的溶剂化作用下,链段会发生扩张。因此,水溶液中的高分子聚合物在发生迁移运动时要携带一部分水分子一起迁移。这些水分子一部分是发生溶剂化作用的水分子,另一部分是单纯被携带的水分子。这样高分子聚合物在溶液中的有效质量和有效体积要比其自身大很多,此外迁移过程中还会发生构象的改变等,这些因素都会导致高分子链在流动时受到较大的内摩擦阻力,宏观表现为高分子聚合物在溶液中的黏度增大[118]。

(2)液体的表面张力越小,平均速度就越小,排液也就越缓慢,说明通过表面活性物质来降低液相表面张力时,可减缓泡沫的排液速度。表面活性物质在气液界面上的吸附不但可以降低界面的能量(这种能量的降低表现为液相表面张力的减小),同时可以增大液膜的抗形变能力,使液膜表现出一种弹性。当液膜受到外力冲击而局部变薄时,这种弹性可以使其迅速复原,从而从液膜的微观层面上,提高泡沫的宏观稳定性。

(3)泡沫的含水量越大,即 Plateau 边界的尺寸越大,横截面积 A 值就越大,此时的流体微元平均速度也越大,即泡沫含水量越大,泡沫的排液速度越快。随着含水量的减少,排液速度逐渐减慢,这与泡沫的宏观排液过程也是吻合的。因此,在设计水基泡沫发泡装置时,就要考虑如何使表面活性剂溶液充分发泡,减少液膜中的水分含量。例如,将孔隙式发泡器设计成竖直状,让表面活性剂溶液和压风从下端进入、上端吹出,这样在孔隙式发泡介质中没能充分发泡的表面活性剂溶液也会受重力作用向下滴落,经由下往上的压风多次发泡。同时,可以通过增加泡沫孔径,进而减小单个液膜 Plateau 边界的横截面积,为此多孔介质填充方式也应该考虑到如何使得泡沫孔径逐步变大、均匀。

2.2 复合浆体与水基泡沫混合机理

复合浆体是指复合粉体与水按一定水灰比形成的浆液,其中含有粉煤灰、水泥、可再分散乳胶粉(其掺量为 0.5%,质量分数)、玻璃纤维(其掺量为 0.4%,质量分数)、促凝剂(其掺量为 6%,质量分数)。复合浆体与水基泡沫的混合主要是指其中颗粒有效覆盖水基泡沫液膜的过程,可以从以下两个方面开展研究:

(1) 颗粒如何有效地与水基泡沫接触，即提高接触后水基泡沫液膜的覆盖率，这主要从颗粒和水基泡沫碰撞过程开展研究。

(2) 通过碰撞、接触进入水基泡沫液膜中的颗粒怎样才能够在水基泡沫气液界面上吸附稳定，从而具有较适合的接触角范围。

2.2.1 碰撞

水基泡沫和复合浆体在混合器内的运动扰流状态直接影响着颗粒与水基泡沫的碰撞和吸附。颗粒与泡沫的碰撞概率与颗粒大小、气泡直径、碰撞初始速度、碰撞初始角度等因素有关[119]。因此，在设计混合器时，要充分考虑其对颗粒和水基泡沫作用形成涡街、转化湍流、产生涡旋的效果，以及混合过程中如何能大幅提高颗粒和水基泡沫的碰撞概率。对于如何提高碰撞概率的理论研究，舒伯特(Schubert)等[120]根据艾布兰汉逊(Abrahamson)建立的碰撞模型，提出了采用式(2-11)和式(2-12)来计算碰撞概率：

$$P_c = 5N_b \cdot N_p \left(\frac{R_b + R_p}{2} \right)^2 \cdot \left(\sqrt{v_b^2} + \sqrt{v_p^2} \right) \tag{2-11}$$

$$\sqrt{V_b^2} = 0.33 \frac{\varepsilon^{4/9} R_i^{7/9}}{\sigma^{1/3}} \left(\frac{\Delta \rho}{\rho} \right)^{2/3} \tag{2-12}$$

式中　　P_c——碰撞概率；

　　　　v_p——气泡出口的平均速度，m/s；

　　　　v_b——复合浆体中粉煤灰、水泥颗粒平均出口速度，m/s；

　　　　N_p——一定混合时间内单位体积水基泡沫中气泡的数量；

　　　　N_b——一定混合时间内单位体积复合浆体中粉煤灰、水泥颗粒数；

　　　　R_p——气泡的直径，m；

　　　　R_b——颗粒的直径，m；

　　　　R_i——气泡或者颗粒的半径，mm；

　　　　$\Delta \rho$——颗粒或者气泡与介质密度差，kg/m³；

　　　　ε——搅拌能，J。

　　　　其余符号意义同前。

颗粒与气泡的无规则碰撞是颗粒黏附并均匀覆盖在水基泡沫表面，形成稳定的无机固化泡沫的最重要的流体力学因素之一。由式(2-11)可以得出，在前期通过增加颗粒和泡沫的直径、数量及提高初始碰撞的速度可以增加二者的碰撞概率，后期颗粒和泡沫进入混合器后在中空螺旋通道中边流动、边混合的过程中，可以通过提高中空螺旋杆的搅拌速度增加搅拌能，进而提高颗粒和气泡的碰撞速度，以达到提高颗粒和水基泡沫碰撞概率的目的。

2.2.2 黏附

如前所述,可以采取措施提高颗粒与水基泡沫的碰撞率,但并不是颗粒和水基泡沫碰撞后就能制备出稳定的无机固化泡沫。因为当颗粒以 v_1 的速度碰撞水基泡沫时,其冲量 $S_1 = mv_1$,假设碰撞后颗粒以 v_2 的速度反弹回复合浆体中,则其冲量为 $S_2 = mv_2$。当 $S_1 = S_2$ 时,说明是完全弹性碰撞;当 $S_2 > S_2 \neq 0$ 时,颗粒与水基泡沫接触后,损失部分能量,在水基泡沫表面接触摩擦、滑动而过;只有当 $S_2 = 0$ 时,颗粒与水基泡沫碰撞后才实现了黏附,如图2-5所示。颗粒与水基泡沫相撞后能否黏附是二者相撞后的下一个重要环节,其中涉及的就是颗粒与水基泡沫表面张力之间的问题。颗粒与水基泡沫相撞后,如果碰撞的能量足够大,能够克服水化层的能垒,则能实现黏附;如果碰撞的能量不足以克服水化层的能垒,则不能实现黏附,颗粒将会以一定冲量离开水基泡沫液膜表面。

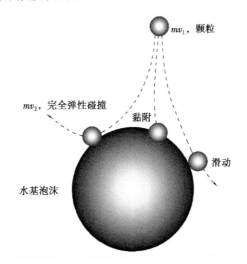

图2-5 颗粒与水基泡沫碰撞后运动状态分析

颗粒与气泡碰撞后,从水化膜变薄到破裂、克服水化能垒、稳定黏附形成三相体系,所需的时间叫作感应时间。颗粒与气泡黏附,碰撞时间一定要大于感应时间,感应时间(t)与颗粒粒度(d)之间有经验公式[121]:

$$t = kd^n \tag{2-13}$$

式中,$n = 0 \sim 1.5$;k 为系数。

尹(Yoon)等[122]根据流线方程得出斯托克斯流、中间流、势流的黏附概率分别为式(2-14)至式(2-16):

$$P_a = \sin^2\left\{2\arctan\left[\exp\frac{-3u_b t_i}{2R_b(R_b/R_p + 1)}\right]\right\} \tag{2-14}$$

$$P_a = \sin^2\left\{2\arctan\left[\exp\frac{-(45 + 8\,Re^{0.72})u_b t_i}{30R_b(R_b/R_p + 1)}\right]\right\} \quad (2\text{-}15)$$

$$P_a = \sin^2\left\{2\arctan\left[\exp\frac{-3u_b t_i}{2(R_p + R_b)}\right]\right\} \quad (2\text{-}16)$$

式中　t_i——感应时间,s;

　　　u_b——水基泡沫液膜排液速率,m/s;

　　　Re——水基泡沫雷诺数。

由上式分析可知:当水基泡沫直径 R_p 一定时,颗粒直径 R_b 越小,感应时间 t_i 就越小,而黏附概率 P_a 就越大;当颗粒直径 R_b 及感应时间 t_i 一定时,随着水基泡沫直径 R_p 增大,黏附概率 P_a 减小。也就是说,粒度越大,所需的感应时间就越长,颗粒就难以黏附水基泡沫。此外,颗粒的带电性也会影响其与水基泡沫的黏附。

2.3　无机固化泡沫稳定机理

在复合浆体中颗粒与水基泡沫发生有效的碰撞和黏附后,形成的新鲜状态下的无机固化泡沫流体微观结构光学显微成像如图 2-6 所示;泡沫气液界面局部放大如图 2-7 所示。

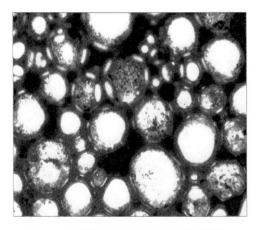 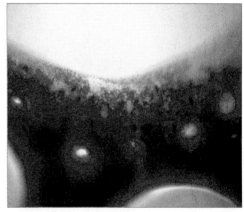

图 2-6　新鲜状态下无机固化泡沫微观结构　　　图 2-7　泡沫气液界面局部放大图

由图 2-6 和图 2-7 可得,新鲜状态下无机固化泡沫液膜中分散着大量的颗粒,同时气泡气液界面上也吸附了许多颗粒。泡沫流体体系的稳定一方面取决于前文所述的水基泡沫液膜上表面活性剂分子的作用,另一方面取决于气泡液膜及气液界面上颗粒的黏附支撑。颗粒稳定泡沫学说得到了国内外众多学者的认可,如加勒特

(Garrett)等[123]、韦厄(Weaire)等[124]、巴特希(Bartsch)[125]、华豪森(Hausen)[126]、宾克斯(Binks)[127]、约翰森(Johansson)等[128]、唐芳琼(F. Q. Tang)等[129]对于固体颗粒稳定泡沫进行了试验研究和机理分析,得出的研究成果主要包括以下几个方面:①部分颗粒在气液界面发生的不可逆吸附,可以提高泡沫的聚并和歧化稳定性;②没有在气液界面吸附的颗粒会在气泡间的薄液膜内形成层状结构,从而提高泡沫的排液稳定性以及增大毛细管压力,提高气泡的聚并稳定性;③在一些泡沫体系中,部分颗粒在气泡之间形成架桥,并与吸附在气液界面上的颗粒相互连接,也会大大提高泡沫的稳定性。以下详细分析颗粒稳定泡沫的3个方面作用,如图2-8所示。

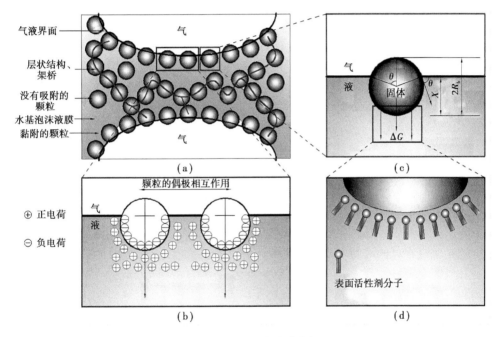

图2-8 无机固化泡沫稳定机理

(1)颗粒吸附到气液界面上,颗粒间通过水相产生 DLVO(带电胶体溶液)排斥作用,表面含有可解离基团的颗粒在液相的部分带电,造成了颗粒带电的不均匀,形成了垂直于界面的偶极[图2-8(b)]。表面活性剂通过吸附到固体颗粒的表面以改变颗粒的疏水性,提高颗粒吸附到新形成的气泡表面的能力[图2-8(d)]。维里科夫(Velikov)等[130]研究表明,阳离子表面活性剂能使液膜稳定,此时颗粒表面上吸附了带正电的表面活性剂离子,使颗粒表面部分疏水化。颗粒层自发吸附到液膜的两个表面,对膜的变薄具有空间抑制作用,在一定程度上提高了泡沫的稳定性。因为黏附的颗粒如果要脱离气液界面,就必须要具备颗粒-界面脱附能,而脱附能和颗粒尺寸、界面特性及溶液性质有关[131],如图2-8(c)所示。

$$\Delta G = \pi R_b^2 \sigma (1 - \cos \theta)^2 \tag{2-17}$$

式中　ΔG——颗粒脱附能,J;

R_b——黏附颗粒半径,m;

σ——表面活性剂溶液表面张力,N;

θ——颗粒与气液界面的接触角,(°)。

根据对复合浆体原材料粉体的电镜扫描结果可知,颗粒尺寸一般在几十微米到几百微米之间,其脱附能远大于颗粒自身的热运动能。因此,当疏水性颗粒黏附到气液界面之后,除非处在剧烈紊流状态下的流体动力学环境或者泡沫体系在较大的扰动环境,一般很难再脱附下来。

(2)如图 2-8(a)所示,没有吸附的颗粒在气泡间的薄膜内形成层状结构,该层状结构可以提高泡沫的排液稳定性,同时还可以增大毛细管压力提高气泡的聚并稳定性。赫达莱斯(Hudales)等[132]发现,只有较大的颗粒才能抑制薄膜的破裂并延迟膜的排液。卡普太(Kaptay)[133]认为,能够吸附水基泡沫的颗粒粒径最大值为 3 μm。卡姆(Kam)等[134]证明具有表面活性的颗粒拥有很高的吸附能,可以产生刚性很强的膜,从而抑制歧化。

(3)在有的体系中,颗粒在气泡之间形成架桥,也会大大提高泡沫的稳定性。颗粒在液膜中形成颗粒聚集体也是液膜稳定的一个重要机理。当体相中存在多余的颗粒时,颗粒发生絮凝并且形成三维网状结构。很多学者[135-138]认为,颗粒稳定泡沫的原因是增加了连续相液体的有效黏度,例如:菲尔瑞德拉丝(Fyrillas)等从理论上说明了只要液膜中凝胶的生成使液膜的储能模量足够大,就可以抑制气体扩散引起气泡的歧化过程。同时,颗粒形成的网络结构抑制了泡沫的运动,为颗粒通过扩散吸附在气泡上提供了时间,所以泡沫会变得稳定;迪金森(Dickinson)等[139]发现体相中颗粒网络结构和气泡表面的颗粒是相连的,这就证明了三维网络结构的刚性也可以提高泡沫稳定性,而不仅是泡沫层上二维颗粒层的刚性。

如前所述,颗粒稳定固化泡沫机理中最根本的一点是颗粒的疏水性,其决定颗粒能否吸附到气液界面上,并以较合适的接触角稳定在气液界面上。通过新鲜状态下无机固化泡沫光学微观结构照片(图 2-7)看出,气液界面上有很多颗粒稳定存在,但是关于颗粒对表面活性剂溶液的疏水性和表面活性分子能否实现改善颗粒疏水性这两个方面还需要进一步定量化研究。为此,本书采用 HAPKE-SPCA 型接触角测量仪对粉煤灰、水泥等组成的复合粉体的界面湿润性进行了分析,测定了其在纯水中和复合表面活性剂溶液中的接触角大小。由于接触角测定方法不能直接用于粉体,它是针对块状材料而言的,要求固体材料有一平面与液滴作用。因此,将粉体进行压片制样以适用于接触角测定试验,其制样及测试过程如下:

(1)取测试粉煤灰或水泥粉体样品 0.3 g,放入模具中,摇晃使其分布均匀,然后放入压片机,加上稍许压力,进行初步压实;

（2）取出模具再放入，加压至 30 MPa，使粉体试样片在此承压状态下保持 2 min 后制成直径 13 mm、厚度约 2 mm 的试片，并注意保证平面光滑；

（3）将纯水和复合表面活性剂溶液用微型进样器在试片压光的平面上挤一滴，进行图像采集，采用杨-拉普拉斯（Young-Laplace）方程对液滴形状进行分析，得出接触角数值。

对粉煤灰、水泥两种粉体制成的试样分别在纯水和表面活性剂溶液中进行了 3 组试验，试验计算接触角测试结果见表 2-1。图 2-9 展示了组别 1 接触角形状图。

表 2-1　颗粒在纯水和表面活性剂溶液中的接触角测量结果与对比

液相介质	颗粒种类	接触角/(°)			
		组别 1	组别 2	组别 3	平均值
纯水	粉煤灰	36.8	31.2	33.7	33.9
	水泥	35.2	33.4	34.6	34.3
表面活性剂溶液	粉煤灰	74.5	75.8	76.1	75.5
	水泥	80.5	83.5	86	83.3

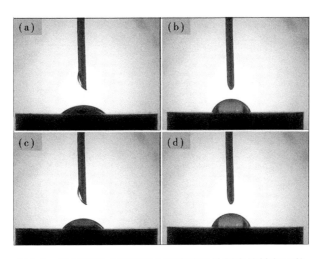

图 2-9　粉煤灰和水泥在纯水和表面活性剂中接触角形状

由表 2-1 可以看出，在纯水中粉煤灰和水泥都表现出很好的亲水性，平均接触角分别为 33.9°和 34.3°，而在表面活性剂中粉煤灰的平均接触角从纯水中的 33.9°增加为 75.5°，疏水性增加了 1 倍多，水泥在表面活性剂中平均接触角则为 83.3°，这说明表面活性剂能够很好地改变颗粒的接触角。首先，由式（2-17）可得，颗粒稳定泡沫的最佳接触角为 90°，因为此时需要的脱附能最大；根据王振平[140]，孙永强[141]，伊普(S. W. IP)[142]等学者的试验研究发现，颗粒稳定泡沫的最佳接触角区间为40°~70°和75°~85°。本试验得出的平均接触角也在这个范围内，此时无论是水泥颗粒还是粉煤炭颗粒，都能以比较合适的接触角稳定在由表面活性剂溶液加气形成的泡沫气液界面上，对整个泡沫体积起到加强支撑稳定的作用。

2.4 无机固化泡沫凝结固化机理

无机固化泡沫中颗粒与水基泡沫碰撞、黏附、吸附稳定后，整个体系持续发生泡沫液膜排液以及局部不均匀泡沫之间小泡向大泡扩散、破裂、合并等现象[143-145]。如图 2-10 所示，在刚制备出来的无机固化泡沫中，两个泡沫中间有一层含有固相颗粒的水柱。如果这些固相颗粒无法在一定的时间内形成较为坚实的固体骨架，泡沫与泡沫之间受到表面张力的影响会出现某一个泡沫不断缩小、最后两个泡沫合并的现象。

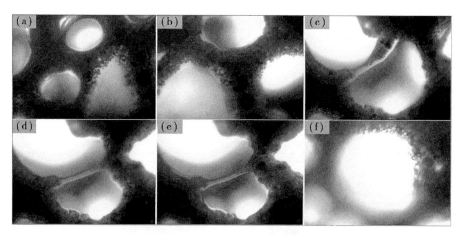

图 2-10　新鲜状态下无机固化泡沫排液合并过程

由于无机固化泡沫从流体状态转变为固化状态需要一定的时间，因此在固化过程中需要减小排液析出水分的消耗，使孔壁液膜内颗粒尽快形成更致密的桥接结构。为此，有必要深入研究无机固化泡沫的凝结固化机理。以往关于水泥基材料的凝结、促凝、固化机理方面的资料往往只是给出了若干可能发生的化学反应式，而实际的水泥基泡沫体材料的凝结固化过程是非常复杂的化学动力学过程。为了更加系统地研究无机固化泡沫的凝结固化机理，本节从以下 5 个方面进行分析。

2.4.1 颗粒的润湿

水泥颗粒在水中时,水会对颗粒进行润湿并进入颗粒或者晶体颗粒的内部,这一过程会消耗一部分自由水,对颗粒浆体的凝结起到重要作用。湿润使得水分子与水泥、粉煤灰颗粒接触,这个是水化反应的前提。颗粒粒径一般为几十微米到几百微米之间,但其比表面积大,需要大量的润湿水,这样小的颗粒具有很高的火山灰活性,能较快地形成胶凝性良好的水化硅酸钙。当颗粒被润湿后,一部分吸附在泡沫液膜上,另一部分处在液膜中,二者都会成为带电粒子。当具有相反电荷的粒子相互接近时,由于静电引力和范德华力的作用而产生絮凝,形成的絮团中包含了大量的水分子,从而增加液膜的黏度。

2.4.2 颗粒的水化反应

复合浆体中主要的基材是粉煤灰和水泥,水泥主要成分为硅酸三钙($3CaO \cdot SiO_2$)、硅酸二钙($2CaO \cdot SiO_2$)、铝酸三钙($3CaO \cdot Al_2O_3$)、铁铝酸四钙($4CaO \cdot Al_2O_3 \cdot Fe_2O_3$)及石膏($CaSO_4 \cdot 2H_2O$)。在水中,这些主要成分会发生如式(2-18)至式(2-22)所示的水化反应[146]。

$$2(3CaO \cdot SiO_2) + 6H_2O \longrightarrow 3CaO \cdot 2SiO_2 \cdot 3H_2O + 3Ca(OH)_2 \quad (2\text{-}18)$$

$$2(2CaO \cdot SiO_2) + 4H_2O \longrightarrow 3CaO \cdot 2SiO_2 \cdot 3H_2O + Ca(OH)_2 \quad (2\text{-}19)$$

$$3CaO \cdot Al_2O_3 + 6H_2O \longrightarrow 3CaO \cdot Al_2O_3 \cdot 6H_2O \quad (2\text{-}20)$$

$$4CaO \cdot Al_2O_3 \cdot Fe_2O_3 + 7H_2O \longrightarrow$$
$$3CaO \cdot Al_2O_3 \cdot 6H_2O + CaO \cdot Fe_2O_3 \cdot H_2O \quad (2\text{-}21)$$

$$3CaO \cdot Al_2O_3 \cdot 6H_2O + 3CaSO_4 \cdot 2H_2O + 7H_2O \longrightarrow$$
$$3CaO \cdot Al_2O_3 \cdot 3CaSO_4 \cdot 15H_2O \quad (2\text{-}22)$$

式(2-18)和式(2-19)水化反应生成产物为水化硅酸钙,式(2-20)水化反应生成产物为水化铝酸三钙,式(2-21)水化反应生成产物为水化铁酸钙,式(2-22)水化反应上次产物为水化铝酸钙。粉煤灰中含有大量的活性 SiO_2 和活性 Al_2O_3,其与水泥水化反应产生的 $Ca(OH)_2$ 会发生如式(2-23)和式(2-14)所示的二次水化反应。

$$SiO_2 + Ca(OH)_2 + H_2O \longrightarrow CaO \cdot SiO_2 \cdot 2H_2O \quad (2\text{-}23)$$

$$Al_2O_3 \cdot 3H_2O + 3Ca(OH)_2 + 3CaSO_4 + 26H_2O \longrightarrow$$
$$3CaO \cdot Al_2O_3 \cdot 3CaSO_4 \cdot 32H_2O \quad (2\text{-}24)$$

2.4.3 促凝剂促进水化反应生成大分子晶体

由于泡沫流体仍然是一个热力学不稳定体系,为了提高无机固化泡沫的稳定系数,需要缩短无机固化泡沫从流体状态到凝结固化状态这一过程所需的时间。然而,无机固化泡沫流体本身是一个水泥、粉煤灰基的复合泡沫浆体,只能通过加速水化反应进程来达到缩短凝结固化时间的目的。目前,常用的快凝活性水泥矿物主要有铝酸钙、硫铝酸钙、氟铝酸钙等,它们在没有石膏存在时形成片状或者立方体状的水化产物,当有石膏存在时形成 AFt(混凝土中的钙矾石)相[147]。其反应式如下:

$$12CaO \cdot 7Al_2O_3 + 12(CaSO_4 \cdot 2H_2O) + 113H_2O \longrightarrow$$
$$4(3CaO \cdot Al_2O_3 \cdot 3CaSO_4 \cdot 32H_2O) + 3(Al_2O_3 \cdot 3H_2O) \tag{2-25}$$
$$3(CaO \cdot Al_2O_3) + 3(CaSO_4 \cdot 2H_2O) + 32H_2O \longrightarrow$$
$$3CaO \cdot Al_2O_3 \cdot 3CaSO_4 \cdot 32H_2O + 2(Al_2O_3 \cdot 3H_2O) \tag{2-26}$$
$$3(CaO \cdot Al_2O_3) \cdot CaSO_4 + 2(CaSO_4 \cdot 2H_2O) + 34H_2O \longrightarrow$$
$$3CaO \cdot Al_2O_3 \cdot 3CaSO_4 \cdot 32H_2O + 2(Al_2O_3 \cdot 3H_2O) \tag{2-27}$$
$$3(11CaO \cdot 7Al_2O_3 \cdot CaF_2) + 33CaSO_4 + 382H_2O \longrightarrow$$
$$11(3CaO \cdot Al_2O_3 \cdot 3CaSO_4 \cdot 32H_2O) + 3CaF_2 + 10(Al_2O_3 \cdot 3H_2O) \tag{2-28}$$

形成的 AFt 组成范围广,析晶速度快;结晶水多,AFt 相分子中含有 32 个结晶水,它的结晶消耗了大量的泡沫液膜排液水,这就加速了泡孔壁的凝结和固化。从晶形来看,在液膜浆体中析出的 AFt 晶体成针状(纤维状)或长柱状,这种形成晶体比板状晶体能更紧密地复合前面所述的水化产物,如 C—H—S 凝胶、C—H 凝胶、A—H 凝胶等,能够对未水化或者正在进行水化的水泥、粉煤灰颗粒像人工外加增强纤维一样起到桥接、增强基质凝胶的作用。

2.4.4　水化热效应

上述水化反应会水化放热,部分反应放热量见式(2-29)至式(2-31)。放出的水化热,促使孔壁液膜基质浆体温度升高,进而又能加速水化反应,消耗液膜中排液析出的自由水,使得孔壁液膜凝结固化进程加快。

$$CaO + H_2O \longrightarrow Ca(OH)_2 + 1\ 155\ kJ/kg \tag{2-29}$$
$$3CaO \cdot Al_2O_3 + 3CaSO_4 \cdot 2H_2O + 30H_2O \longrightarrow$$
$$3CaO \cdot Al_2O_3 \cdot 3CaSO_4 \cdot 32H_2O + 1\ 670\ kJ/kg \tag{2-30}$$
$$2(3CaO \cdot SiO_2) + 6H_2O \longrightarrow$$
$$3CaO \cdot 2SiO_2 \cdot 3H_2O + 3Ca(OH)_2 + 520\ kJ/kg \tag{2-31}$$

2.4.5　自由水消耗、孔壁固化

从上述 4 个方面可知,水泥粉煤灰颗粒的润湿消耗大量的水,水化反应结合了大量的自由水,水化反应放热升温促进了水分的加剧消耗。当自由水消耗到一定的程度时,凝结和固化就会发生。水泥、粉煤灰水化和凝结过程可以这样描述:水泥颗粒和促凝剂颗粒在水中分散后,化学反应在水泥颗粒表面和颗粒间的溶液中发生。在颗粒表面形成水化产物壳,水通过渗透进入壳内使水化反应向颗粒中心进行,这种在原水泥颗粒占有空间形成的水化产物称为内产物;另外,水泥矿物溶解的各种离子向溶液中扩散,与促凝剂溶解离子发生反应,这种在原水泥颗粒之外溶液中形成的反应产物称为外产物。外产物与内产物的种类有时相同有时不同,随着离子种类和浓度梯度不同而异,主要包括无定形凝胶、AFt 相和 $Ca(OH)_2$ 等。当游离水消耗至外水化产物、内水化产物和集料连接成片时(此时称为黏结点),水泥浆体失去塑性,水泥颗粒周围的产物因新水化产物的不断形成而挤压破裂、愈合;当这些黏结点的强度能承受一定的外荷载时,就会发生初凝或终凝。

综上所述,无机固化泡沫的凝结固化这一复杂物理化学过程如图 2-11 所示。

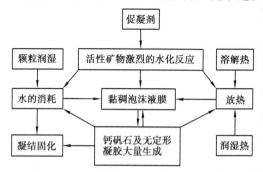

图 2-11　无机固化泡沫凝结固化过程

为了更好地分析无机固化泡沫的凝结固化机理,采用中国矿业大学现代分析与计算中心扫描电子显微镜 FEI QuantaTM 250 系统对无机固化泡沫进行微观观测,如图 2-12 所示。从图中可以看到,泡沫孔壁上的水化产物在颗粒表面形成一层薄薄的钙矾石晶体(图中标注"Ettringite crystals"),这使得颗粒表面变得粗糙,同时少量的纤维状水化硅酸钙凝胶(图中标注"C—S—H gel")和六方板状的氢氧化钙(图中标注"CH")附着于颗粒的边界上。

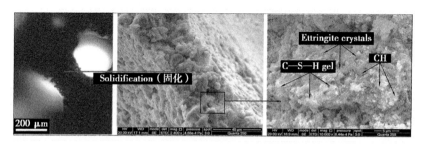

图 2-12　泡孔壁凝结固化微观电镜扫描图

3　无机固化泡沫制备试验研究

无机固化泡沫的制备主要包括原材料、制备工艺、产生装置3个方面。由于其制备工艺采用预混泡沫法,即将水基泡沫与复合浆体混合,因此其原材料包括用于制备水基泡沫的复合表面活性剂,用于制备复合浆体的水泥、粉煤灰、外加剂等。在整个制备实验中,主要研究的有以下3个方面:

首先,如何制备发泡倍数较高排液率低的水基泡沫,为下一步混合过程提供一个稳定的泡沫载体。

其次,在第2章中提到的水基泡沫形成及稳定机理基础上,研制出高性能的发泡器;同时,基于水基泡沫与复合浆体混合机理中颗粒碰撞、吸附液膜机理研发出有效碰撞率高、黏附概率大、破泡率低、泡沫均匀度高的混合器,并设计好整套装置的组合顺序。

最后,确定复合浆体的水灰比及复合粉体中水泥、粉煤灰、外加剂的掺量,以制备得到发泡倍数和稳定性高的无机固化泡沫。

3.1　原材料及其性质

无机固化泡沫作为一种无机轻质多孔材料,其基材纯无机无污染,主要由硅酸盐水泥、粉煤灰、复合表面活性剂、外加剂等组成。具体原材料及其特性如下:

3.1.1　水泥

水泥是制备无机固化泡沫所需的主要胶凝材料,在整个体系中起到胶结作用,是无机固化泡沫的主要强度来源。普通硅酸盐水泥、硫(铁)铝酸盐水泥、氯氧镁水泥、氟铝酸盐水泥等均可用于无机固化泡沫的生产。在本书研究中,所使用的水泥均为徐州淮海水泥厂生产的普通硅酸盐42.5水泥,其性能测试结果见表3-1;水泥样品采用X射线衍射仪(XRD)[D8 ADVANCE,德国布鲁克(Bruker)公司生产]衍射测试分析如图3-1所示;其化学成分见表3-2。

表 3-1　徐州淮海水泥厂 42.5 水泥性能测试结果

比表面积/($m^2 \cdot kg^{-1}$)	抗折强度/MPa		抗压强度/MPa	
	3 d	28 d	3 d	28d
400	5	8	28.2	51.3

表 3-2　徐州淮海水泥厂 42.5 水泥化学成分

化学成分	SiO_2	Al_2O_3	Fe_2O_3	SO_3	CaO	MgO
质量分数/%	21.61	5.64	2.36	2.54	58.79	2.49

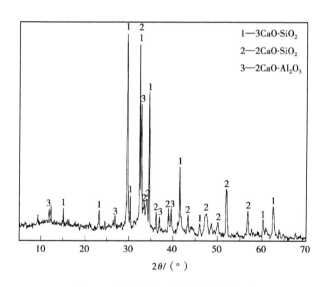

图 3-1　水泥样品 X 衍射测试分析图

3.1.2　粉煤灰

粉煤灰是热电厂燃烧煤炭后剩下的残渣废弃物。其主要化学成分有 SiO_2、Al_2O_3,以及少量的 Fe_2O_3、MgO 和 CaO 等。粉煤灰的掺入,一方面减少了水泥的用量,降低了产品的制备成本;另一方面还可以变废为宝,有利于环保。除此以外,在微集料效应、形态效应、火山灰效应的作用下,随着龄期的增加,掺入的粉煤灰将会对无机固化泡沫的孔结构、力学性能起到一定的改善作用,提高最终固化泡沫的工程应用性能。本试验使用的粉煤灰是华润电力集团徐州华鑫电厂的粉煤灰,其中值粒径35 μm,烧失量为5.0%,其 X 衍射测试分析如图 3-2 所示,化学成分见表3-3。

表3-3　华润电力集团徐州华鑫电厂粉煤灰化学成分

化学成分	SiO_2	Al_2O_3	Fe_2O_3	TiO_2	CaO	MgO	Na_2O	K_2O	P_2O_5	SO_3
质量分数/%	51.53	31.83	4.15	1.21	6.56	1.26	0.39	1.02	0.237	0.61

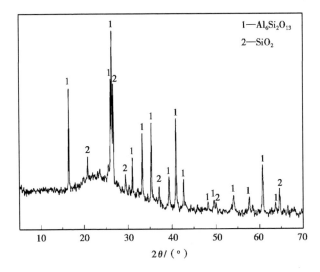

图 3-2　粉煤灰样品 X 衍射测试分析图

3.1.3　复合表面活性剂

表面活性剂是从 20 世纪50 年代开始随着石油化工业的飞速发展而兴起的一种新型化学品,是精细化工的重要产品。表面活性剂的分子结构一般同时具有亲水性能和疏水性能。将表面活性剂与水进行混合后,其亲水基团会快速与水分子结合,同时疏水基团迅速与疏水性分子结合(在水基泡沫中即与空气结合),这样便在两种性质不同的物质之间形成一层膜,并且该膜两侧均对此模具有吸引力,于是形成了稳定的两相相融的状态。试验中采用以下几种表面活性剂及助剂进行复配研究。

十二烷基硫酸钠(sodium dodecyl sulfate,SDS,衢州瑞尔丰化工有限公司,工业级)是一种无毒的阴离子表面活性剂,为白色或淡黄色粉状,易溶于水,对碱和硬水不敏感。泡沫细腻丰富,稳定持久,去污能力强,主要作为牙膏的起泡剂和一些有机金属选矿时的起泡剂和捕集剂,其生物降解度大于90%,对环境危害小。

氯化钠(sodium chloride,SC,上海鼎森化学科技有限公司,分析纯)是无色立方结晶或白色结晶,微溶于乙醇、丙醇、丁烷,在和丁烷互溶后变为等离子体,易溶于水、甘油,不溶于浓盐酸。

十二醇(lauryl alcohol,LA,上海鼎森化学科技有限公司,分析纯)为白色固体或无色油状液体,具有花香味、价格便宜、来源广泛等特点,是一种很好的促泡剂和稳泡剂,且与十二烷基硫酸钠配伍性良好。

十六烷基三甲基溴化铵(cetrimonium trimethyl ammonium bromide,CTAB,衢州瑞尔丰化工有限公司,工业级)是一种阳离子表面活性剂。固体呈白色粉末状,溶于水、乙醇,在水中离解成阳离子活性基团,能与阴离子、非离子、两性表面活性剂有良好的配伍性,具有良好的乳化作用。

3.1.4　外加剂

1)促凝剂

在煤矿现场施工过程中要求泡沫流体需在较短的时间内凝结固化成型,并产生一定的抗压强度,为此采用促凝剂加速水泥、粉煤灰泡沫浆液体系的凝结过程。但现有促凝剂会受到浆液中发泡剂的影响,且其使用时放热会导致泡沫不稳定而发生破裂,达不到现场工况的要求。此外,现有促凝剂在生产、使用过程中会产生严重的化学污染,对施工人员身体有损害。因此有必要开发一种能够保证发泡水泥稳定、凝结时间可调并且环保、无害的发泡水泥基材料的促凝剂。本试验促凝剂由下列质量配比的原料组成:煤矸石30~51份、粉煤灰25~38份、石灰石16~27份、萤石2~5份。其制备方法如下所述:

步骤一:按比例称取煤矸石、粉煤灰、石灰石和萤石,研磨成直径为8~12 mm的球状颗粒,混合均匀。

步骤二:将混合物以1:1.5的水灰比搅拌混合均匀,在250 ℃、1×10^5 Pa条件下,利用水热合成法处理5 h制得预处理产品。

步骤三:首先将预处理产品在850~1 000 ℃下煅烧1~2 h,然后将煅烧得到的产品研磨至比表面积为500~700 m²/kg,所得粉状物即为无机固化泡沫促凝剂。

化学反应方程见式(3-1)和式(3-2),促凝剂物相分析化学成分见表3-4。

$$C_3AH_6 + CaF_2 \xrightarrow{850 \sim 1\,000\ ℃} C_{11}A_7CaF_2 + CaO + H \tag{3-1}$$

$$Al_2O_3 + CaO + CaF_2 \longrightarrow C_{11}A_7CaF_2 \tag{3-2}$$

表 3-4　促凝剂的化学成分

化学成分	Na_2CO_3	$11CaO \cdot 7Al_2O_3 \cdot 3CaF_2$	SiO_2	$(Al_2, Mg_3)[Si_4O_{10}][OH]_2 \cdot H_2O$	Al_2O_3	Fe_2O_3	CaO
质量分数/%	11	47.5	9.5	14	7	3	8

促凝剂由煤矸石、粉煤灰、石灰石、萤石 4 种原料经过低温水热合成处理、高温煅烧而制得。较传统混凝土促凝剂而言,具有以下有益效果:

(1)本促凝剂不受泥浆体系中发泡剂的影响,速凝效果明显。

(2)采用的制备技术烧制的促凝剂纯度高,泥浆体系掺加上述促凝剂之后,促凝剂能与水泥中的石膏、水分迅速发生反应,生成大量的钙矾石,1 份产物结合 32 份的水并在失去水的孔隙中结晶,这些结晶度高的水化物相互交错,形成较硬的骨架,支撑起泡沫泥浆体系,增强发泡水泥的稳定性。

(3)制备技术与传统直接高温煅烧技术相比较,预先低温水热合成处理可以降低后期煅烧温度,在较低煅烧温度下就能够生成大量产物,达到节能的效果。

2)玻璃纤维

玻璃纤维(泰州奇新玻纤科技有限公司),其平均长度为 4 mm。玻璃纤维的加入会使得无机固化泡沫体系中的各个泡孔壁相互连接,形成连成一片的固体骨架,有利于提高无机固化泡沫的抗压强度与稳定性。

3)可再分散乳胶粉

可再分散乳胶粉(山东苏诺克化工有限公司)是一种聚合粉体,易溶于水,并乳化形成乳胶。加入可再分散乳胶粉,可以有效地提高无机固化泡沫泡孔分散的均匀程度,同时增加了泡沫的稳定性。

3.2　制　备　工　艺

无机固化泡沫基本的制备过程可以分为 3 个部分:复合浆体的混合搅拌、水基泡沫的制备和复合浆体和水基泡沫的混合。

首先,将水泥、粉煤灰、可再分散乳胶粉(其掺量为 0.5%,质量分数)、玻璃纤维(其掺量为 0.4%,质量分数)、促凝剂(其掺量为 6%,质量分数)采用干粉搅拌器进行混合,再加入水进行搅拌,水灰比为 0.4;同时,将复合表面活性剂在水中稀释77 倍。

其次,通过自制的孔隙式水基泡沫发泡器,在接有压风(风压为 0.3~0.4 MPa,

供气量为 32～35 m³/h)的情况下进行吹泡,形成细腻均匀的水基泡沫。

最后,将水基泡沫与复合浆体按一定的流量比在混合器(转速为 150～200 r/min)的螺旋通道内扰流混合,二次发泡形成无机固化泡沫流体,泡沫流体在常温情况下进行养护,基材水化、凝结固化后形成无机固化泡沫。无机固化泡沫的整个制备过程如图 3-3 所示。

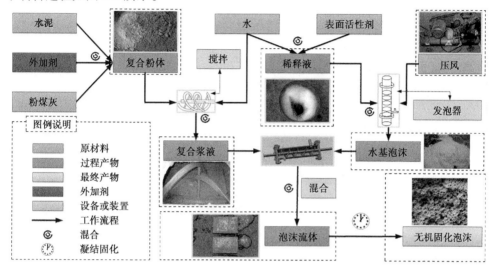

图 3-3　无机固化泡沫制备过程

3.3　产　生　装　置

无机固化泡沫产生装置如图 3-4 所示。产生的无机固化泡沫效果主要取决于两个核心部件:发泡器和混合器。

为了制备细腻、均匀、稳定的无机固化泡沫流体,以下两点值得关注:①发泡器制备出的水基泡沫具有均匀的泡沫结构、较高的发泡倍数、一定的稳定时间。②水基泡沫和复合浆体应该能够充分接触,同时在整个凝结固化过程中应该一直保证较高的稳定系数。上述两个核心部件的工作原理示意如图 3-5 所示。

由图 3-5 可得,自制发泡器产生水基泡沫的过程:稀释的发泡剂溶液和一定压力的风压通过 T 形导口进入到发泡器下部经孔隙式多孔介质作用形成湍流涡旋,产生较大的压降,进而发泡。随着孔隙率的逐渐增大,泡沫孔径变大并均匀。图 3-6 为市面上常见的机械搅拌装置与自制孔隙式发泡器产生的水基泡沫的效果对比。

混合器包括腔室和内置的中空螺旋杆。中空螺旋杆前端设有叶轮,动力叶片安

图 3-4　无机固化泡沫产生装置

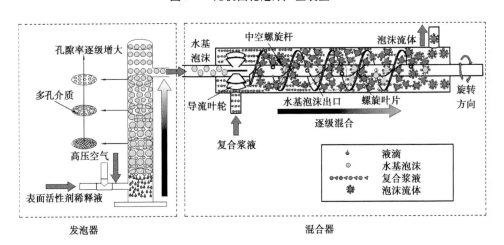

图 3-5　发泡器和混合器工作原理示意图

装角度为 35°,此时具有最佳的传力性能,紧接着是四圈半螺旋叶片,在中空杆上每圈螺旋叶片螺距中心开有一个水基泡沫导流口,作为气-液两相泡沫出口,相邻导流口间隔 72°。导流口(图 3-7)是由引流管插接在中空螺旋杆的径向通孔上形成的,导

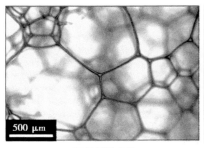 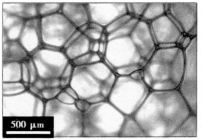

(a) 机械搅拌产泡　　　　　　　(b) 自制逐级增大孔隙式发泡

图 3-6　不同发泡方式产生的水基泡沫光学分析照片

流口开口方向不通过中空螺旋杆的中心线,泡沫液体由导流口喷出引起对中空螺旋杆的反作用力,该反作用力对中空螺旋杆产生动力矩,从而带动中空螺旋杆转动。

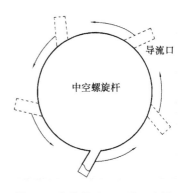

图 3-7　自旋导流口开设示意图

　　高压高速的复合浆体由进口射入,撞击在前端叶轮上,推动叶轮旋转,进而带动整个中空螺旋杆转动;同时,泡沫浆体沿着螺旋叶片通道向前推进、搅拌。在这个过程中,涡街能够完全地转化成为湍流,并按照一定的频率产生涡旋,动能的损失会作用在浆液和水基泡沫复合体系上,进而形成泡沫流体。水基泡沫从中空杆左侧往右依次由导流口喷出,泡沫射流的反作用力对中空螺旋杆形成动力矩,提高了中空螺旋杆的转速和稳定性;水基泡沫由浆液体系内部添加,由 5 个导流口分次添加,避免了普通混合装置中一次添加、二者混合以及破泡率高的缺点,同时增加了水基泡沫与复合泥浆的接触面积。中空螺旋杆转动使泡沫和黄泥(水泥、粉煤灰)浆液螺旋向前运动,显著提高了泡沫与浆体的混合质量,同时搅拌桨的搅拌作用进一步提高了泡沫与浆液的混合均匀程度。该混合器具有泡沫破裂少、结构简单、混合均匀且可连续生产大流量泡沫浆液等特点。

3.4　水基泡沫的制备

　　预混泡沫液(泡沫流体)发泡倍数的测定方法:将预制泡沫液(混合浆体)倒满已知体积(V)和质量(m_C)的容器中,并称量总质量(m_L),按式(3-3)计算预制泡沫液

（混合浆体）的密度（ρ_L）；将新制备的水基泡沫（泡沫流体）加满上述容器，称量总质量（m_F），按式（3-4）计算水基泡沫（泡沫流体）的密度（ρ_F）；按照式（3-5）计算预混泡沫液（混合浆体）发泡倍数（M）。排液率测试装置为改装后的布氏漏斗，测试方法为将已知质量的水基泡沫倒入布氏漏斗中（图 3-8），通过观测 30 min 时其排入量筒中液体的体积，并计算质量，用排液质量和原有水基泡沫质量之比计算出其 30 min 时的排液率。

$$\rho_L = \frac{(m_L - m_C)}{V} \tag{3-3}$$

$$\rho_F = \frac{(m_F - m_C)}{V} \tag{3-4}$$

$$M = \frac{\rho_L}{\rho_F} \tag{3-5}$$

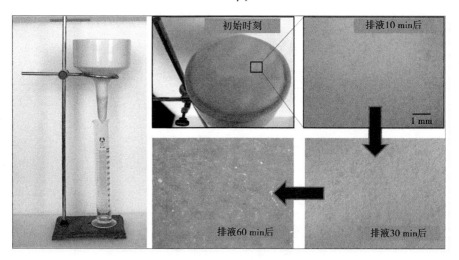

图 3-8　排液率测试装置及过程

从无机固化泡沫制备工艺过程来看，其稳定性很大程度上取决于水基泡沫的性能。一般来说，水基泡沫的发泡倍数应该大于 20 倍且稳定时间尽可能长，泡沫构架至少要保证在泡沫流体凝结固化前不变形、塌泡。为此，从排液率和发泡倍数两个指标来对其考核，进而优选和复配出能产生高性能水基泡沫的复合表面活性剂。十二烷基硫酸钠（SDS）是一种广泛使用的发泡剂，其具有很强的发泡性能，不同 SDS 浓度情况下，30 min 时的排液率和发泡倍数如图 3-9 所示。

由图 3-9 可以得出，SDS 泡沫液发泡倍数随其浓度的增加先增加后减小，在浓度为 2.5% 时达到最大发泡倍数 24 倍。这是因为随着 SDS 浓度增加，泡沫液表面张力先是不断减小，起泡能力不断增强，到达最大发泡倍数浓度后，溶液中的表面活性剂

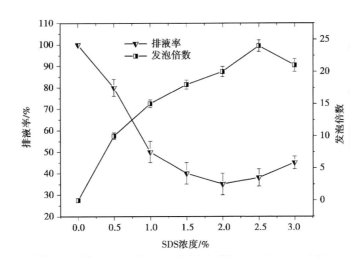

图 3-9 30 min 时的排液率和发泡倍数随 SDS 浓度变化

分子趋向于形成聚集体(胶团),导致溶液中单体的浓度不再增加,表面张力不能进一步下降,从而泡沫液发泡倍数趋于稳定。泡沫排液率随 SDS 浓度的增加先降低、后升高,增加的速度比降低的速度小,在浓度为 2% 时达到最低半小时排液率 35%。出现这种排液率变化趋势的原因是随着表面活性剂和表面活性物质在水中浓度增大,表面上聚集的活性物质分子形成定向排列的紧密单分子层,多余的分子以憎水基互相靠拢,聚集在一起形成胶束[148]。如果发泡剂浓度过小,泡壁的双电子层由于活性物质不足,会出现一个电荷不平衡的现象,影响泡沫稳定性;此外,由于单位体积内活性物质不足,导致单位体积内水是过量的,多余的水会因为重力、表面张力而排走。如果发泡液浓度过大,活性物质分子会在泡壁中形成胶束,增大泡壁的质量和厚度,严重影响泡壁的稳定,会出现泌水和气泡串通现象,影响泡沫稳定性。

为了提高 SDS 的泡沫稳定性,对 SDS 进行改性,选择十六烷基三甲基溴化铵(CTAB)、氯化钠(NaCl)、十二醇(LA)作为稳泡剂,研究不同稳泡剂浓度下 SDS 泡沫的改性效果,使用的浓度梯度为 0.5 ~ 4.0。以上 3 种稳泡剂改性对发泡倍数和排液率的影响分别如图 3-10 和图 3-11 所示。

由图 3-10 可以得出,从发泡倍数指标看,随着浓度的增加,CBTA 下降,NaCl 稍微有所增加,LA 升高;由图 3-11 的排液率指标来看,3 种稳泡剂都能降低水基泡沫的排液率,随着浓度的增加呈现出先急剧下降,后缓慢上升。排液率最低值及临界浓度分别为 CBTA(20%,2.5%)、NaCl(26%,1.0%)、LA(13%,2.0%)。产生这种变化的具体原因如下:

在 SDS 浓度为 2% 的条件下,SDS 泡沫液发泡倍数随 CTAB 浓度增加而减小。CTAB 会降低 SDS 的发泡倍数是因为 CTAB 是一种阳离子活性剂,而 SDS 是一种阴

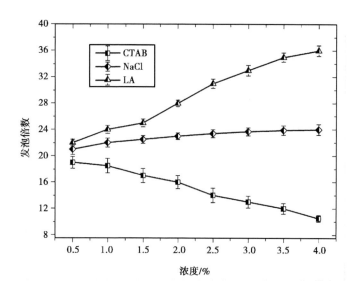

图 3-10　发泡倍数随着 3 种表面活性剂浓度变化规律

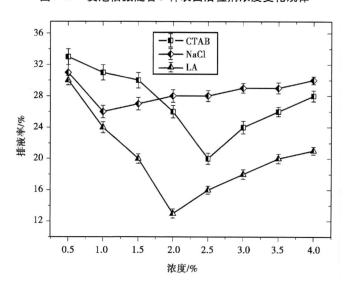

图 3-11　30 min 时的排液率随着 3 种表面活性剂浓度变化规律

离子活性剂,二者混合时由于强烈的静电作用,阴离子/阳离子混合胶团在刚刚形成时具有几乎对称的结构,因而有巨大的聚集数,易于凝聚即发生相分离[149],从而导致泡沫液表面张力升高。然而,复配体系泡沫排液率随 CTAB 浓度的增加先降低、后升高,在 CTAB 浓度为 2.5%、30 min 时的排液率为 20%,较单一 SDS 形成的泡沫具有更高的稳定性。这是源于正负离子间的强吸引力,使溶液内部的表面活性剂分子更容易形成胶团,使表面吸附层中的表面活性剂分子的排列更紧密,表面能更低,同时分子之间较强的相互作用还使得表面黏度增大,表面膜机械强度增加,使之受外力时不易破裂、泡沫内液体流失速度变慢、气体透过性降低,延长了泡沫的使用寿命[150]。

SDS 泡沫液发泡倍数随 NaCl 浓度的增加而增大,是因为同离子无机盐不仅可以降低泡沫液表面张力,而且还可以降低表面活性剂的 CMC,提高其起泡效率。SDS 泡沫半小时排液率随 NaCl 浓度的升高先降低后升高,NaCl 浓度为 1.0% 时,半小时排液率达到最小值 26%。SDS 泡沫液加入不同浓度的氯化钠后起泡能力有了一定提高,泡沫排液率也有所减小。这主要是由于反离子压缩了表面活性剂离子头的浓度,减少了表面活性剂离子头之间的排斥作用,从而使表面活性剂更容易吸附于液膜表面形成胶团,导致泡沫液表面张力和 CMC 降低,使 SDS 更易于起泡,泡沫也更稳定[151]。

LA 的加入既可显著提高泡沫液的发泡倍数,又能大大提高泡沫的稳定性,这是因为加入十二醇后,醇分子本身的碳氢链周围有“冰山”结构(图 3-12),醇分子参与表面活性剂胶团形成的过程是容易自发进行的自由能降低的过程,溶液中醇的存在使胶团容易形成[152]。采用质量浓度 2.5% 十二烷基硫酸钠与质量浓度 2% 十二醇配制的预混泡沫液具有很好的发泡倍数(28 倍),制得的泡沫具有最好的稳定性(半小时排液率仅为 13%),制备的水基泡沫效果如图 3-13 所示。

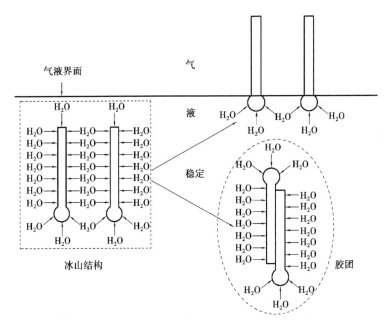

图 3-12 “冰山”结构模型

图 3-13　性能最佳水基泡沫效果

3.5　无机固化泡沫流体制备

在制成固化泡沫流体后,将其注入内径为 315 cm、长为 100 cm 的干燥直立量筒内,记录泥浆柱初始高度 h_0,泥浆初凝后测量水泥浆柱高度 h_i,则泡沫流体稳定系数 ψ_i 的计算公式如下:

$$\psi_i = (h_i/h_0) \times 100\% \tag{3-6}$$

泡沫浆体的稳定性用 ψ_i 进行描述,即当 $\psi_i = 100\%$ 时浆体稳定性最好。一般来说,ψ_i 大于 95% 即可。

由前述可得,制备出理想的水基泡沫后,下一步就是如何将水基泡沫和复合浆体进行混合,对于无机固化泡沫流体主要关注的指标是发泡倍数及稳定系数,主要考虑的影响因素有水基泡沫掺量(FV)、复合浆体中粉煤灰取代水泥含量(FA)及水灰比(W/S)。为了更好地研究这些因素对泡沫流体性能的影响,试验以泡沫添加量、粉煤灰取代量、水灰比等三因素进行正交设计,以泡沫流体稳定系数和发泡倍数为考核指标。采用 $L_{25}(3^5)$ 正交方案进行试验分析,在各因素上选取 5 个水平,详见表 3-5。

表 3-5 稳定性和发泡倍数正交试验水平因素设计

因素	水平 1	水平 2	水平 3	水平 4	水平 5
FV	$2V$	$4V$	$6V$	$8V$	$10V$
FA/%	10	20	30	40	50
W/S	0.3	0.35	0.4	0.45	0.5

注：V 为水泥浆液的单位体积，m³。

考虑到现场堵漏过程中裂隙渗流、向上堆积、隔热、固化成型后抗压、隔热的要求，泡沫流体凝结稳定后结构中应该具备一定孔隙率。一般来说，其发泡倍数应大于 3 倍。基于此，通过 3 个因素对泡沫 2 个性能指标的正交试验进行优选，得出最优的组合为在泡沫添加量为 $8V$，W/S 为 0.4，粉煤灰取代量为 30% 时制备得到最好的无机固化泡沫发泡倍数为 5 倍，稳定系数为 90%。从单因素影响的角度看，泡沫添加量、水灰比、粉煤灰取代量都存在一个最优的峰值。分析其原因如下：当 FA 为 30%、W/S 为 0.4 时，FV 对无机固化泡沫性能的影响如图 3-14 所示；当 FV 为 $8V$、W/S 为 0.4 时，FA 对无机固化泡沫性能的影响如图 3-15 所示；当 FV 为 $8V$、FA 为 30% 时，W/S 对无机固化泡沫性能的影响如图 3-16 所示。

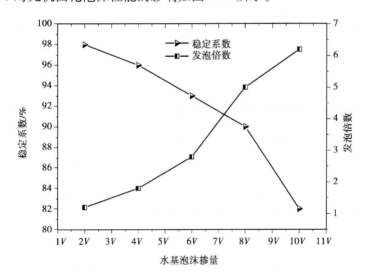

图 3-14 水基泡沫掺量对无机固化泡沫性能的影响

从图 3-14 可以看出，当 FV 增加时，发泡倍数和稳定系数呈现出不同的变化规律。这是因为固化泡沫浆体中气孔的形状及其分布与泡沫掺量有直接关系。当泡沫掺量较少时，泡沫浆体中孔形状较为规则，单位封闭球形，且孔径较小，分布比较

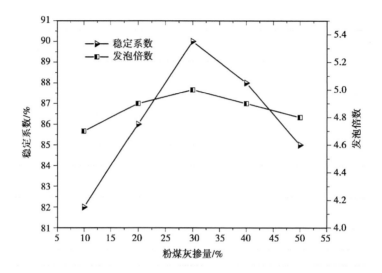

图 3-15　粉煤灰取代水泥含量对无机固化泡沫性能的影响

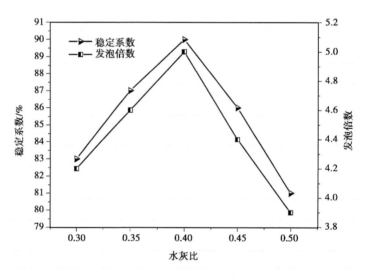

图 3-16　水灰比对无机固化泡沫性能的影响

均匀,稳定性高;当掺量过大时,孔的形状不规则,且孔径较大,并形成了较多连通孔,让水很容易通过水泥渗透出来,使气泡容易失水破裂。此时,虽然发泡倍数较高,但是其稳定系数不高。无机固化泡沫在现场应用过程中,其要求具有较高的发泡倍数和理想的稳定系数,实际上这两个指标往往不能同时得到满足,人们希望在发泡倍数大于4V的前提下尽可能地提高泡沫的稳定系数。

　　为了减少成本,我们使用一部分粉煤灰取代水泥掺量。图 3-15 显示,随着 FA 的变化,当 FA 为 30% 时,发泡倍数和稳定系数这两个评定指标出现了一个峰值。这主要是因为用少量的粉煤灰取代水泥时,粉煤灰中含有许多球形颗粒(玻璃微珠),而水泥颗粒是不规则的几何体,粉煤灰中的这些微珠在水泥颗粒间起到滚珠的作用,减小了水泥颗粒间相对滑移时的阻力,增大了泡沫浆体的流动性,使得泡沫分散均匀。当粉煤灰取代量过高时,由于粉煤灰较水泥水化反应滞后,会导致浆体中早期产物减少,从而使得破泡率升高,浆体稳定性降低。

从图 3-16 中可知,浆体泡沫添加量一定,水灰比过低时,由于水泥水化的需水量不足会吸收泡沫中的水量,使得泡沫破裂,导致固化泡沫浆体不稳定。当水灰比在一定范围内增加时,料浆流动性增强,泡沫均匀分散在体系中,泡沫更加稳定。但水灰比过大时,水泥水化后所剩余的水分较多,固体颗粒会下沉,泡沫上浮,造成体系各部分成分不均匀,导致泡沫不稳定。

从正交试验优选的结果看,泡沫的稳定系数最大值为 90%。此时,凝结后的泡沫相对于新鲜状态下的泡沫流体,其内部结构存在一定的变化。为了深入分析泡沫流体从新鲜状态达到稳定状态时的内部泡沫结构的变化,可采用光学显微镜分析制备好的固化泡沫流体随着时间的泡孔结构变化。图 3-17 为泡沫流体中部分不稳定泡沫孔壁排液过程。如果水化产物不能形成致密、交联、抱团为一体的形态,在排液的过程中,颗粒会随着排液单个分散地运移到其他泡沫孔壁的气液界面上[153],发生塌泡。为此,我们得出泡沫壁的排液和颗粒水化凝结两个动力学过程的协同作用是支持泡沫稳定的内在原因。

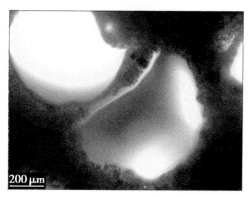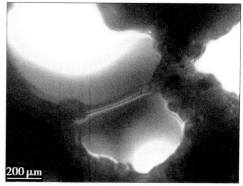

图 3-17　泡沫流体中部分不稳定泡沫孔壁排液过程

由以上的泡沫流体孔壁变化过程分析可知,促凝剂的作用效果对泡沫流体的稳定性及发泡倍数影响较大。为了进一步提高泡沫流体的稳定系数和发泡倍数,在基准复合粉体配比中促凝剂的掺量为 6% 的基础上,通过改变其掺量得到泡沫流体的稳定系数和发泡倍数,如图 3-18 所示。

从图 3-18 中可知,随着促凝剂掺量的增加,固化泡沫体的发泡倍数和稳定系数先增大后减小,最佳的促凝剂掺量为 12% ,此时的无机固化泡沫发泡倍数为 7 倍,稳定系数为 95% ,如图 3-19 所示。

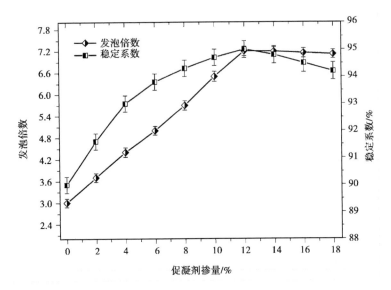

图 3-18   促凝剂掺量对固化泡沫发泡倍数和稳定系数的影响

图 3-19   实验室制备的无机固化泡沫新鲜流体状态效果

4　无机固化泡沫凝结与隔热特性试验研究

过去60多年国内外对防治煤自燃的研究表明,研发拥有良好的渗流、堆积和隔热特性的泡沫流体材料已成为未来矿井及煤田防治煤自燃技术手段的发展趋势。无机固化泡沫含有大量细小封闭的孔隙,赋予了其良好的热工性能,同时其基材为普通硅酸盐成分,防火性能优异。当无机固化泡沫流体应用到现场高温裂隙封堵时,其新鲜泡沫流体状态下的渗流扩散形态及范围很大程度上取决于其凝结特性,现场施工过程中需要根据实际煤自燃防治要求来确定无机固化泡沫灌注量、灌注范围,这就要求无机固化泡沫流体能够实现在一定凝结时间范围内可调,为此有必要研究其新鲜流体状态下的凝结特性。然而在现场实际防灭火过程中,通常需要无机固化泡沫流体直接对高温火源进行覆盖降温、阻断高温火源向四周进行热辐射及温度蔓延,因此泡沫流体在接触高温煤岩体后能否稳定存在是一个关键技术指标,同时其新鲜流体状态下的隔热特性也是一个重要参数。此外,当无机固化泡沫固化后形成的多孔材料的隔热能力也对高温火源区域热量运移阻断起到关键作用,因此其固化后的隔热特性也是本章研究的内容之一。

4.1　无机固化泡沫凝结特性试验

从材料组成和形态来看,无机固化泡沫是一种水泥基泡沫材料。其凝结特性是现浇施工水泥基泡沫体材料施工过程中需要考虑的重要因素[154]。而对于水泥基泡沫材料,关于其高性能发泡剂、发泡装置、制备工艺等研究日益深入,但有关凝结时间的研究,尤其是凝结时间测定方法的研究还比较少,一般在现场生产和施工中都是按照水泥静浆凝结时间的测试方法[155]对水泥基泡沫材料进行测试分析,即采用维卡仪测试水泥基泡沫体材料的沉入深度。也有学者考虑到泡沫混凝土的多孔性和其凝结时间较长的特点,水泥初凝时间测试时采用的 $\phi1.13$ mm 试针不适合泡沫混凝土,故研究中泡沫混凝土的初、终凝时间测试,都以水泥试验中的终凝针测定试针距离底板的深度。国内学者范丽龙提出了一套基于维卡仪测定的水泥凝结时间和贯入阻力的方法[156],用来测定的混凝土和泡沫混凝土的凝结时间[157]。但是,这些方法的核心都是用初凝针或者终凝针,研究其在水泥基泡沫流体材料内的沉降特性,或是结合贯入阻力的方法去最终反映泡沫体材料的凝结特性。如图 4-1 所示,在测试过程中,泡沫体材料并不是连续的均质材料,其主要有孔壁和孔壁内的空间部分组成。当测试针贯入泡沫浆体中,它会通过泡沫空间和孔壁液膜,而泡沫空间中为空气,对贯入针的阻力基本为零,所以目前的方法并不十分科学。

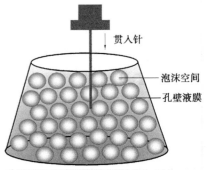

贯入针

泡沫空间

孔壁液膜

图 4-1　现有水泥基泡沫体材料凝结时间测定示意图

4.1.1　无机固化泡沫凝结过程微观分析

在微观水平,无机固化泡沫的凝结过程可以通过基材的水化反应来表征。同时,所有的促凝剂都有相似的反应机理,其都是通过调节基材的水化反应速率和进程来实现其调凝效果[158-160]。本章以 AC3 促凝剂主要成分($C_{11}A_7 \cdot CaF_2$)为例采用扫描电子显微镜(SEM,型号为 Quanta 250,美国 FEI 公司生产,图 4-2)分析其凝结过程的水化产物,如图 4-3 所示。

由图 4-3 可以看出,泡沫孔壁上均匀分散着的水泥、粉煤灰颗粒表面已经覆盖有一薄层钙矾石晶体(ettringite crystals),且明显看到颗粒边界模糊,在颗粒边缘出现了少量的纤维状水化硅酸钙凝胶(C—S—H gel)。这是因为固化泡沫体系中添加的 AC3 促凝剂的主要成分为氟铝酸钙($C_{11}A_7 \cdot CaF_2$),其溶解后增加了浆体中 Al_2O_3 和 SO_4^{2-} 的浓度,而 Al_2O_3 和 SO_4^{2-} 能够迅速和水泥中的硬石膏发生反应生成 AFt 晶体结构网,并且附着在浆体颗粒表面。同时,由于这一反应需要消耗石膏,使其缓凝作用

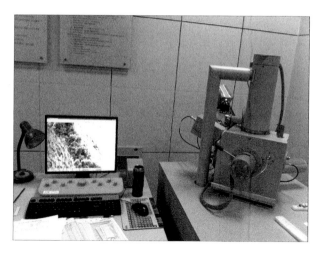

图 4-2 扫描电子显微镜

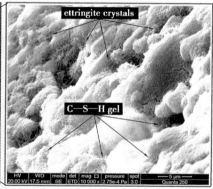

图 4-3 无机固化泡沫凝结后微观电镜扫描图

减弱,促进体系中部分硅酸三钙(C_3S)水化,会生成少量的纤维状水化硅酸钙凝胶($C—S—H$)填充在水泥颗粒之间。反应机理可表示为:

$$3(11CaO \cdot 7Al_2O_3 \cdot CaF_2) + 33CaSO_4 + 382H_2O \longrightarrow$$

$$11(3CaO \cdot Al_2O_3 \cdot 3CaSO_4 \cdot 32H_2O) + 3CaF_2 + 10(Al_2O_3 \cdot 3H_2O) \quad (4\text{-}1)$$

如前所述,其他促凝剂和 AC3($C_{11}A_7 \cdot CaF_2$)一样,有类似的促凝机理。为了深入研究其促凝过程,结合本书 2.4 节中提到的无机固化泡沫凝结固化机理,我们可以将这一过程细分为两步:首先,在无机固化泡沫体系中,促凝剂加速了泡沫浆体水化反应的进行,水化反应每生成 1 份 AFt 需要消耗 32 份自由水,使浆体含水率显著降低,促进泡沫孔壁迅速凝结,泡孔稳定性增强,结构不易变形,最终导致单个泡沫体流动阻力加大,流动困难。其次,泡沫孔壁上水化产物增多,并且整体析出,在不同颗粒之间相互桥接,这样会使原本流动性能较好的单个泡沫颗粒连成一片,整体流动,相互阻碍,使浆体流动性大大降低,最终慢慢失去流动性,达到凝结状态,如图4-4所示。

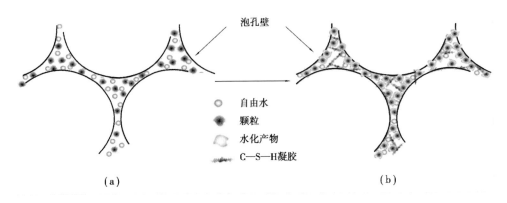

图 4-4 无机固化泡沫凝结过程示意图

4.1.2 凝结时间测定装置及方法

无机固化泡沫在凝结过程中,始终处于固-液-气三相耦合交融状态,这种特性使得整个体系轻质多孔,凝结时间较长,所以普通的方法并不完全适用于测定无机固化泡沫的凝结时间。兰德韦尔(Landwermeyer)和莱斯(Rice)研究表明,多孔结构物质可以用其流动距离作为衡量凝结程度的指标[161]。无机固化泡沫作为一种裂隙灌浆材料,其渗漏扩散范围根据现场施工要求可调,所以其凝结性能指标可以准确地描述裂隙中流体的流动过程。当前工程应用及试验研究中,都是以一些流变参数为指标去表征液体的流动状态。但是无机固化泡沫浆体中水泥基成分所占质量分数在60%以上,其流变行为要比一般的悬浮液更加复杂。此外,基于水化反应,无机固化泡沫浆体是一个实时反应体系,其从泡沫流体成为固化泡沫的过程中黏度、内部孔形态、结构、大小都发生着一系列的变化[163]。为此,我们提出失去流动时间(loss fluidity time,LFT)指标。作为表征无机固化泡沫流体的凝结特性参数,LFT 表示当泡沫流体达到不再流动状态所需的时间。我们在实验室自制了 LFT 测试装置(图4-5),提出了一套测试泡沫流体 LFT 的测试方法。LFT 测试装置由测量容器与测试架组成,测量容器是一个长方体开口容器,底面为 10 cm ×10 cm 的正方形,高度为 23 cm,在长方体高 10 cm 处设置有一条"初始线",高 20 cm 处一点与对角底面点连成一条"至平线"。测试架上设有一个放置测量容器的支架,倾角为30°。

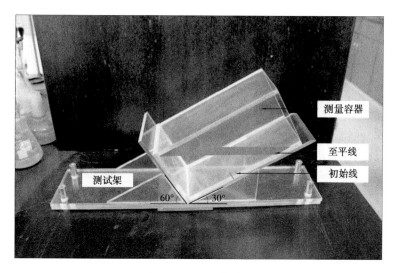

图4-5 LFT测试装置

测试方法及过程如下：

步骤一：如图4-6所示，将制备好的孔隙率为φ_i的无机固化泡沫注入测量容器中，使其体积达到"初始线"处。

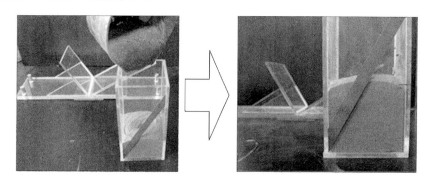

图4-6 LFT测试步骤一示意图

步骤二：如图4-7所示，从制备结束开始计时，在某一时刻T_i，将测量容器倾斜放置在测试架子上，同时开始计时。

步骤三：制备好的无机固化泡沫会顺势流下，最终呈现水平面（接近），并且蔓延至"至平线"处，至此计时结束，计时为t_i，称为"至平时间"，至平后将测量容器放正，在T_{i+1}时刻，重复之前的操作，得到另一个"至平时间"wt_{i+1}。在获得多组(t,T)后，绘制该孔隙率下的t-T曲线，并对其进行拟合。拟合得出的曲线旁会有一条渐进线，如图4-8所示，它对应的时刻T_{LF}即为无机固化泡沫的失去流动性的时间，简称LFT。

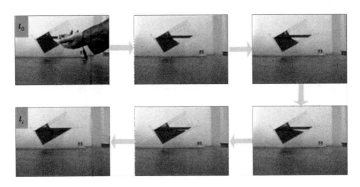

图 4-7　LFT 测试步骤二示意图

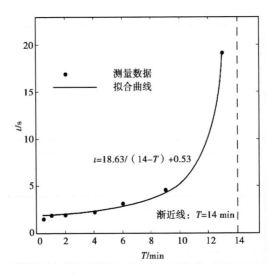

图 4-8　LFT 测试步骤三示意图

4.1.3　无机固化泡沫凝结时间测定试验

首先,采用 LFT 表征无机固化泡沫的凝结特性。随后开展的试验主要内容是研究 LFT 和水基泡沫掺量、促凝剂种类、促凝剂掺量之间的关系。试验设计如下:水基泡沫掺量为 $1V, 2V, \cdots, 7V$(V 为水泥浆液的单位体积,m^3);促凝剂种类为 4 种,分别为 AC1,AC2,AC3,AC4;促凝剂掺量分别为 3%,5%,7%,$\cdots$,15%。最后,按照 4.1.2 小节中所述的 LFT 测试方法进行测试,具体测试结果见表 4-1。

表 4-1　LFT 试验具体测试结果

LFT/min			促凝剂掺量/%						
			3	5	7	9	11	13	15
水基泡沫掺量/m³	AC1	1	30	22	13	10	8	7	6
		2	45	30	23	16	13	11	10
		3	75	45	30	22	20	17	16
		4	105	70	50	42	32	25	20
		5	180	90	72	50	46	35	31
		6	220	135	89	73	60	46	42
		7	310	176	127	99	86	65	60
	AC2	1	25	16	13	8	7	6	5
		2	40	24	18	14	12	9	7
		3	69	40	35	25	18	15	13
		4	100	80	40	30	27	25	20
		5	138	92	60	50	42	35	25
		6	200	121	90	70	56	50	38
		7	280	155	100	92	80	55	50
	AC3	1	13	8	6	5	5	4	3
		2	30	19	15	10	9	7	5
		3	49	32	22	15	14	10	8
		4	84	45	36	28	24	20	15
		5	130	78	50	48	38	25	20
		6	170	109	70	55	42	40	37
		7	260	138	110	80	68	60	48
	AC4	1	42	26	18	13	11	9	8
		2	57	30	25	19	15	12	10
		3	88	51	33	25	22	20	17
		4	119	70	54	36	34	26	22
		5	160	105	69	50	45	41	38
		6	251	141	101	79	68	52	47
		7	300	167	132	105	79	73	61

采用 Matlab 来分析 LFT、水基泡沫掺量（foam volume，F）以及不同种类促凝剂掺量（amount，A）之间的关系。由于所有的试验总共是 49 组，所以在进行 Matlab 拟合时最多只能进行到 8 阶。四种促凝剂情况下得到的 LFT 拟合公式见式（4-2）至式（4-5），关系曲线如图 4-9 至图 4-12 所示。

$$LFT_{AC1} = 21.83 + 67.71F + 19.86A - 19.99F^2 - 17.33FA - 4.409A^2 + 11.14F^3 - 3.666F^2A + 4.067FA^2 + 0.234A^3 - 1.683F^4 + 0.147F^3A + 0.239F^2A^2 - 0.331FA^3 + 0.005A^4 + 0.092F^5 - 0.007F^4A^2 - 0.006F^2A^3 + 0.009FA^4 - 0.001A^5 \tag{4-2}$$

$$LFT_{AC2} = -3.154 - 65.23F + 46.33A + 59.96F^2 - 4.99FA - 12.92A^2 - 14.08F^3 - 3.308F^2A + 1.582FA^2 + 1.483A^3 + 1.821F^4 + 0.074F^3A + 0.32F^2A^2 - 0.176FA^3 - 0.074A^4 - 0.082F^5 - 0.02F^4A + 0.012F^3A^2 - 0.015F^2A^3 + 0.007FA^4 + 0.001A^5 \tag{4-3}$$

$$LFT_{AC3} = -1.632 + 93.26F - 22.85A - 42.46F^2 - 10.27FA + 6.797A^2 + 15.86F^3 - 2.374F^2A + 2.258FA^2 - 0.993A^3 - 2.235F^4 + 0.051F^3A + 0.199F^2A^2 - 0.195FA^3 + 0.068A^4 + 0.121F^5 - 0.011F^4A + 0.005F^3A^2 - 0.008F^2A^3 + 0.006FA^4 - 0.002A^5 \tag{4-4}$$

$$LFT_{AC4} = 151.7 - 22.83F - 64.37A + 46.95F^2 - 15.9FA + 16.49A^2 - 13.4F^3 - 0.966F^2A + 2.814FA^2 - 2.138A^3 + 2.284F^4 - 0.478F^3A + 0.321F^2A^2 - 0.261FA^3 + 0.136A^4 - 0.139F^5 + 0.039F^4A - 0.006F^3A^2 - 0.008F^2A^3 + 0.008FA^4 - 0.003A^5 \tag{4-5}$$

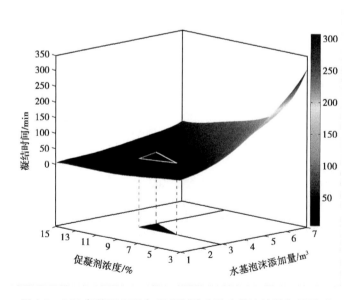

图 4-9　AC1 条件下 LFT 与促凝剂浓度及水基泡沫添加量关系

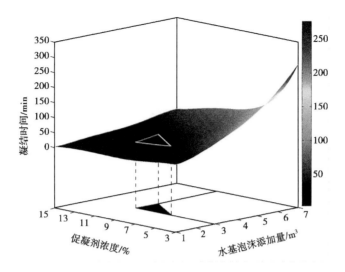

图 4-10 AC2 条件下 LFT 与促凝剂浓度及水基泡沫添加量关系

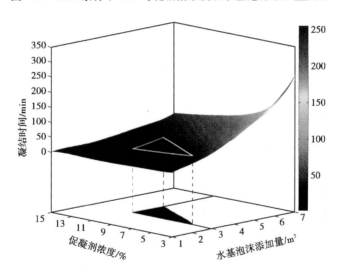

图 4-11 AC3 条件下 LFT 与促凝剂浓度及水基泡沫添加量关系

由表 4-1 可知,4 种不同促凝剂的作用效果不同。例如,加入 AC4 后,无机固化泡沫体系凝结时间较其他 3 种促凝剂,数值上是较高的,这说明 AC4 的作用效果明显不如其他 3 种促凝剂的效果好。但是,对于煤矿现场裂隙堵漏灌注工艺使用要求,并不是凝结越快,这种材料就越具有优越性。相反,只有凝结时间在一定合理的范围之内,才是最适合现场使用的材料。

研究表明,无机固化泡沫用于封堵裂隙、充填以及固结采空区松散煤岩体时,其

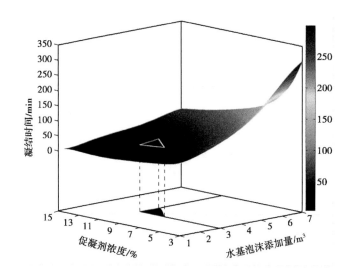

图 4-12　AC4 条件下 LFT 与促凝剂浓度及水基泡沫添加量关系

最佳的凝结时间是 10～30 min。若泡沫凝结时间过短(小于 10 min),则在制备过程中要格外注意其是否凝结和对长距离的泵送造成困难;同时,对于一些无法直接泵送的地点,一般用矿车盛装,再转移到施工地点,在非管路运输的过程中无机固化泡沫会快速凝结,从而失去功效。若泡沫凝结时间过长(大于 30 min),则在注入施工地点后,前期处于泡沫流体状态,难以抵抗煤矿井下轻微采动应力变化,从而丧失封堵作用。此外,无机固化泡沫用作裂隙堵漏材料时,其最大的优点是裂隙渗流能力强,但是从经济和现场应用效果角度看,其渗流扩散范围要在一定半径范围内。对于一些高位裂隙的渗流来说,需要底部泡沫流体在一定时间内凝结封堵周边裂隙,而后续泡沫在压头的作用下,在同标高和低处裂隙渗流阻力大时会向上堆积,起到高位火源点或裂隙通道的渗流覆盖作用。因此,无机固化泡沫的凝结特性是影响其渗流扩散半径的一个重要因素,渗流扩散半径应该在一个合理阈值范围内。

由表 4-1 中的数据可知,无机固化泡沫的凝结时间是由水基泡沫添加量和促凝剂的种类及其浓度共同决定的,改变水基泡沫添加量及促凝剂的浓度即可控制无机固化泡沫的凝结时间。在现场使用时,应考虑无机固化泡沫后期隔热效果,若其导热系数不大于 0.1 W/(m·K),则水基泡沫添加量不能低于 $3V$;同时,应考虑促凝剂的添加成本,促凝剂的浓度一般不超过 11%。根据上述限制条件,对于 4 种促凝剂的考察应控制在图 4-9 至图 4-12 中底面方框内,该方框成为可施工区域。

由前所述,无机固化泡沫的最佳凝结时间为 10～30 min,所以在图 4-9 至图 4-12 中找到方框内满足凝结时间为 10～30 min 的数据,将其边界用白色三角形标注,其曲面范围向下投影到底面,形成图中近似三角形的黑色区域,此黑色三角形称作有效施工区域。

同时提出另外两个指标:F_f/F_e 和 A_f/A_e。其中,F_f/F_e 表示有效施工区域水基泡沫添加量变化范围与可施工区域水基泡沫添加量变化范围之比;A_f/A_e 表示有效施工区域促凝剂浓度变化范围与可施工区域促凝剂浓度变化范围之比。这两个指标的数值越大,表现出该种促凝剂条件下调配凝结时间在 10~30 min 时的操作难度越小。换言之,该数值越大,说明在调配促凝剂浓度及水基泡沫添加量的时候,容许调配偏差越宽松。表 4-2 列出了 4 种不同促凝剂条件下无机固化泡沫有效施工区域的参数。

表 4-2　不同促凝剂的有效施工区域参数

参数	AC1	AC2	AC3	AC4
S	1.44	1.93	4.50	1.08
F_f/F_e	0.20	0.28	0.38	0.23
A_f/A_e	0.45	0.44	0.75	0.30

注:S 为有效施工区域的面积。

从表 4-2 中可以看出,AC3 的有效施工区域面积最大,同时该种促凝剂条件下,F_f/F_e 及 A_f/A_e 的数值也是最大的,所以对于凝结时间 10~30 min 的使用要求,AC3 是使用效果最佳的促凝剂。

4.2　新鲜泡沫流体热稳定性及隔热特性试验

在实验室搭建试验平台对其热稳定性及隔热特性进行研究,采用的试验装置如图 4-13 所示。试验装置由高温燃煤炉、支架、不锈钢器皿、热电偶及数显温度表组成。热电偶 1# 布置在不锈钢器皿底部圆心处,热电偶 2# 布置在器皿中盛放泡沫流体液面处,研究不同支架高度(不同热面温度)情况下不同厚度泡沫流体的热稳定性及阻隔热特性。支架高度(离炉火焰锋面)分别设定为 2 cm、7 cm、12 cm、17 cm、22 cm;盛放泡沫流体厚度分为 20 mm、40 mm、60 mm、80 mm;试验过程中温度采集数据时间间隔为 30 s,全过程共采集 300 s,得到的试验数据见表 4-3。不同支架高度、不同厚度时,试验开始及结束时不锈钢器皿中盛放的泡沫流体形态变化如图 4-14 所示。

一般而言,对于泡沫流体,温度升高,液体膨胀,分子间距离增大,表面活性剂分

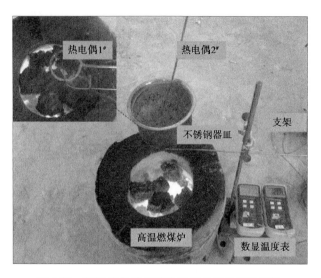

图 4-13   泡沫流体热稳定性及隔热特性试验系统

子动能增加,易摆脱水的束缚逃逸到水面,表面吸附量增加,表面张力下降,起泡能力增强。一方面,温度较高时液膜的水分蒸发加剧,排液速度加快,生成的泡沫易破灭;另一方面,温度较高时活性剂分子亲水基的水化作用下降,疏水基碳链间黏聚力减弱,表面黏度降低,泡沫稳定性下降。由图 4-14 可知,在支架高度 $H = 2$ cm、$T_1 = 582.4$ ℃时,盛放泡沫流体厚度 h 分别为 20 mm、40 mm、60 mm 的不锈钢器皿中能够明显地看到有蒸气冒出,泡沫流体在沸腾。随着泡沫流体厚度的增加,泡沫流体从整体沸腾变为部分沸腾,当 h 分别为 40 mm 和 60 mm 时,能够看到不锈钢器皿右侧壁的泡沫被向上冒出的蒸气冲破,但是与 h 为 20 mm 相比,沸腾范围大大减小。此外,在加热过程中,泡沫流体的相组成发生变化。当温度为 500 ℃以上时,钙矾石、水化氧化铝凝胶和水化硅酸钙凝胶相继脱水,钙矾石脱水变为非晶体,孔隙增大,比表面积也增大,因此泡沫孔壁的稳定性下降。当 h 为 80 mm 时,未看到明显的剧烈沸腾现象,泡沫流体整体形态较稳定,表面温度监测结果为 30.2 ℃,但是近距离观察泡沫表面依然存在很多通孔,且与不锈钢器皿壁接触面有裂隙通道。这说明底部受热泡沫流体液膜水分蒸发,向上运动的蒸气使得内部一些泡孔壁破裂,形成通孔;而不锈钢器皿壁由于导热性能好,使得与其接触处的泡沫流体孔壁液膜受热蒸发,因而更容易产生裂隙通道。总体来看,当 h 为 80 mm 时,泡沫流体整体还是能够对底部高温热源温度蔓延起到较好的阻隔作用。

在支架高度 $H = 7$ cm、$T_1 = 471.3$ ℃时,盛放泡沫流体厚度 h 分别为 20 mm 和 40 mm的不锈钢器皿中能够明显地看到有蒸气冒出,泡沫流体在沸腾。当 h 为 60 mm 时,能够看到泡沫流体凝结面有稍微隆起的现象,未观察到有蒸气冒出,这主要是因

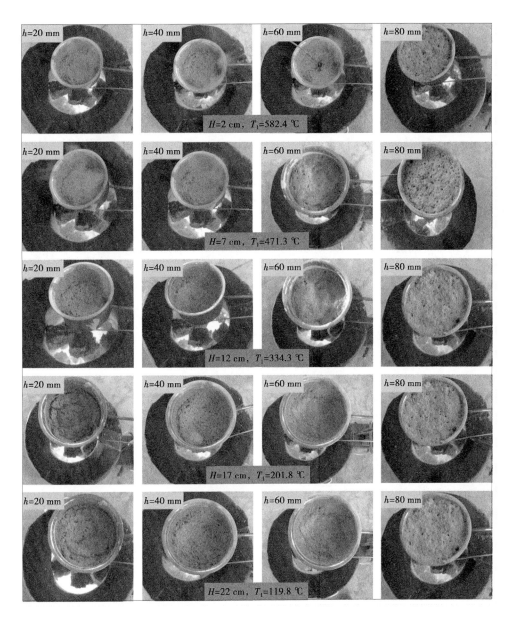

图 4-14　60 s 时不同支架高度、泡沫流体厚度泡沫流体热稳定性效果图

为下面高温热源对泡沫流体底部加热,使得底部泡沫流体产生向上热运动。但是,由于厚度较大,在向上运动过程中逐渐进行冷热交换,最终到达凝结面时没有足够的热量,不足以将泡沫流体凝结面冲破,此时凝结面温度监测结果为 41.2 ℃。当 h 为 80 mm 时,泡沫流体凝结面形态与支架高度 $H = 7$ cm 时类似,都是局部有通孔及不锈钢器皿接触面有裂隙通道,此时泡沫流体凝结面温度监测结果为 25.2 ℃。因此,泡沫流体厚度为 60 mm 以上时,能够对下面高温热源温度蔓延起到较好的阻隔作用。

在支架高度 $H=12$ cm、$T_1=334.3$ ℃时,盛放泡沫流体厚度 h 分别为 20 mm 和 40 mm 的不锈钢器皿中能够明显地看到有蒸气冒出,泡沫流体在沸腾。同支架高度 $H=7$ cm 时的情况一样,当 h 为 60 mm 时,能够看到泡沫流体凝结面有稍微隆起的现象,未观察到有蒸气冒出,此时凝结面温度监测结果为 31.3 ℃。当 h 为 80 mm 时,泡沫流体凝结面形态与支架高度为 $H=7$ cm 时类似,都是局部有通孔及不锈钢器皿接触面有裂隙通道,此时泡沫流体凝结面温度监测结果为 21.7 ℃。因此,泡沫流体厚度为 60 mm 以上时,能够对下面的高温热源温度蔓延起到较好的阻隔作用。

在支架高度 $H=17$ cm、$T_1=201.8$ ℃、盛放泡沫流体厚度 h 为 20 mm 时,能够间断地看到不锈钢器皿中有少量蒸气冒出。当 h 为 40 mm 时,能够看到泡沫流体凝结面有稍微隆起现象,未观察到有蒸气冒出,这主要是因为下面高温热源对泡沫流体底部加热,使得底部泡沫流体产生向上热运动。但是,由于厚度较大,在向上运动过程中逐渐进行冷热交换,最终到达凝结面时没有足够的热量,不足以将泡沫流体凝结面冲破,此时凝结面温度监测结果为 42.4 ℃。当 h 为 60 mm 时,泡沫流体凝结面形态与支架高度 $H=12$ cm、$h=80$ mm 时类似,都是局部有通孔及不锈钢器皿接触面有裂隙通道,此时泡沫流体凝结面温度监测结果为 28.2 ℃。当 h 为 80 mm 时,泡沫流体凝结面形态稳定,此时表面温度监测结果为 18.9 ℃。因此,支架高度 $H=17$ cm、$h=40$ mm 以上时,泡沫能够对下面高温热源温度蔓延起到较好的阻隔作用。

在支架高度 $H=22$ cm、$T_1=119.8$ ℃时,4 个盛放泡沫流体厚度情况下都未看到有蒸气冒出,只有 h 为 20 mm 时,能够看到泡沫流体凝结面有稍微隆起现象且局部有通孔,同时凝结面与不锈钢器皿接触处有裂隙通道。当 h 为 40 mm 时,泡沫流体凝结面形态与支架高度为 $H=17$ cm、$h=60$ mm 时类似,此时泡沫流体凝结面温度监测结果为 32.4 ℃。当 h 分别为 60 mm 和 80 mm 时,泡沫流体凝结面形态稳定,此时表面温度监测结果分别为 22.7 ℃和 14.5 ℃。因此,支架高度 $H=22$ cm、$h=40$ mm 以上时,能够对下面高温热源温度蔓延起到较好的阻隔作用。

通过上面分析可以得出,不同燃煤炉火温度、不同盛放厚度泡沫流体的热稳定性不同,在试验温度范围内得出泡沫流体在对 200 ℃以下较稳定,此时只要覆盖厚度超过 40 mm 即可。但是,当温度大于 300 ℃时,泡沫覆盖厚度为 60 mm 以上才能在热环境中形态稳定。随着热源温度的进一步升高,需要更大的泡沫覆盖厚度才能保证泡沫流体稳定,起到隔热作用。

表 4-3 不同支架高度、不同盛放厚度时泡沫流体隔热试验结果

支架高度	时间/s	热面温度(热电偶1#)/℃	冷面温度(不同厚度,热电偶2#)/℃			
			20 mm	40 mm	60 mm	80 mm
离炉火焰锋面2 cm	0	578.2	98.3	60.1	41.2	25.8
	30	580.3	123.5	70.2	46.5	28.7
	60	582.4	147.6	78.3	49.8	30.2
	90	583.5	162.2	84.5	51.2	31.5
	120	584.8	176.3	87.4	52.3	32.1
	150	585.2	184.6	89.6	53.2	32.5
	180	585.1	192.4	91.3	54.2	32.7
	210	585.3	198.8	92.5	54.3	32.8
	240	584.9	204.6	93.2	54.4	32.9
	270	585.2	209.3	94.1	54.5	33.0
	300	584.8	214.5	95.2	54.6	33.0
离炉火焰锋面7 cm	0	467.4	70.2	50.7	35.7	22.5
	30	470.5	86.5	56.2	38.5	23.8
	60	471.3	100.6	62.6	41.2	25.2
	90	471.2	112.2	67.5	42.4	25.7
	120	471.5	129.5	70.4	43.1	26.1
	150	471.6	140.5	73.8	43.2	26.5
	180	471.2	148.5	75.6	43.6	26.7
	210	471.5	156.5	77.1	43.9	26.8
	240	472.1	161.4	78.3	44.2	26.9
	270	471.5	164.3	78.3	44.3	30.0
	300	471.4	167.5	78.4	44.3	31.0

表 4-3(续)

支架高度	时间/s	热面温度(热电偶 1#)/℃	冷面温度(不同厚度,热电偶 2#)/℃			
			20 mm	40 mm	60 mm	80 mm
离炉火焰锋面 12 cm	0	333.8	61.2	43.5	28.4	20.4
	30	334.5	75.2	49.2	30.2	21.1
	60	334.3	84.3	53.3	31.1	21.7
	90	337.4	91.5	56.8	31.9	22.1
	120	334.5	106.3	59.2	32.5	22.5
	150	334.7	115.4	61.4	33.9	22.8
	180	334.9	117.1	61.8	34.2	23.1
	210	335.2	118.2	62.1	34.3	23.3
	240	334.8	118.2	62.2	34.4	23.4
	270	334.7	118.3	62.3	34.5	23.4
	300	334.8	118.4	62.3	34.5	23.4
离炉火焰锋面 17 cm	0	201.0	52.5	35.7	25.2	17.6
	30	201.5	61.5	39.5	27.1	18.5
	60	201.8	68.7	42.4	28.2	18.9
	90	201.9	73.2	44.6	28.9	19.2
	120	202.1	77.5	45.9	29.5	19.5
	150	202.2	80.4	46.5	29.9	19.7
	180	202.3	82.1	47.3	30.2	19.9
	210	202.2	82.3	48.1	30.3	20.0
	240	202.1	82.4	48.3	30.4	20.2
	270	202.3	82.5	48.5	30.3	20.3
	300	202.3	82.5	48.5	30.4	20.3

表 4-3(续)

支架高度	时间/s	热面温度(热电偶1#)/℃	冷面温度(不同厚度,热电偶2#)/℃			
			20 mm	40 mm	60 mm	80 mm
离炉火焰锋面 22 cm	0	119.1	37.5	29.4	21.3	13.6
	30	119.5	40.1	31.2	22.1	14.1
	60	119.8	42.1	32.4	22.7	14.5
	90	119.9	43.4	32.8	23.1	14.8
	120	120.1	44.2	33.0	23.2	15.0
	150	120.2	44.6	33.2	23.3	15.1
	180	120.3	44.9	33.3	23.4	15.2
	210	120.2	45.1	33.4	23.3	15.2
	240	120.1	45.2	33.4	23.4	15.3
	270	120.2	45.2	33.5	23.4	15.3
	300	120.1	45.2	33.5	23.4	15.3

由表 4-3 可得,不锈钢器皿在同一支架高度时,随着测试时间的增加,新鲜泡沫流体冷面温度持续增加;随着喷注厚度的增加,新鲜泡沫流体同一测试时间下冷面温度持续降低。在同一喷注厚度时,随着支架高度的降低(热面温度持续升高),新鲜泡沫流体冷面温度持续增加。为了更加详细地分析热面温度、试验时间、喷注厚度对新鲜泡沫流体的隔热特性的影响,从表 4-3 中选取了部分数据进行了冷面温度变化趋势分析。图 4-15 为支架高度为离炉火焰锋面 2 cm 时,随测试时间增加,不同喷注厚度新鲜泡沫流体的冷面温度变化情况。

由表 4-3 可知,支架高度为离炉火焰锋面 2 cm 时,热面温度在 578.2 ~ 585.3 ℃ 波动,热面温度输出基本恒定稳态。如图 4-15 所示,随着测试时间的增加,20 ~ 80 mm 各个喷注厚度的新鲜泡沫流体冷面温度都有所增加。在测试时间为 0 ~ 90 s,温升曲线斜率较大,温度增幅明显,20 mm 喷注厚度冷面温度从 98.3℃ 增至 162.2 ℃,增幅为 0.71 ℃/s,而从 90 ~ 300 s,冷面温度从 162.2℃ 增至 214.5 ℃,增幅为 0.25 ℃/s;测试时间 0 ~ 90 s,40 mm 喷注厚度冷面温度从 60.1℃ 增至 84.5 ℃,增幅为 0.27 ℃/s,而从 90 ~ 300 s,冷面温度从 84.5 ℃ 增至 95.2 ℃,增幅为 0.051 ℃/s;0 ~ 90 s 以内,60 mm 喷注厚度冷面温度从 41.2 ℃ 增至 51.2 ℃,增幅为 0.11 ℃/s,而从 90 ~ 300 s,冷面温度从 51.2 ℃ 增至 54.6 ℃,增幅为 0.016 ℃/s;0 ~ 90 s,80 mm 喷注厚度冷面温度从 25.8 ℃ 增至 31.5 ℃,增幅为 0.063 ℃/s,而从 90 ~ 300 s,冷面温度从 51.2 ℃ 增至 54.6 ℃,增幅为 0.007 ℃/s。由此可见,初期 0 ~ 90 s

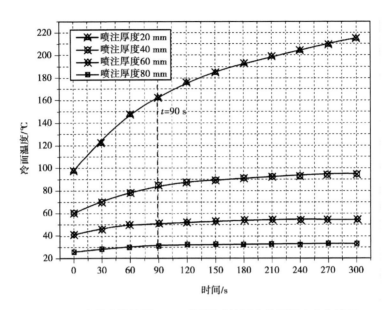

图4-15　离炉火焰锋面2 cm时不同喷注厚度冷面温度变化情况

测试时间内,新鲜泡沫流体隔热能力差,后期隔热能力逐渐增强。随着喷注厚度增加,不管前期还是后期新鲜泡沫流体冷面温升增幅逐渐减小,隔热能力都得到提升。这主要是因为随着厚度的增加,新鲜泡沫流体量增大,加之其本身的冷量大,能更充分与热面的热量进行交换。此外,新鲜泡沫流体属于闭孔泡沫体结构,热量从热面到冷面的传导过程中要经过液膜、泡孔间的空气,液膜由于含有水分及粉煤灰、水泥颗粒、携带冷量大,而空气导热系数低,因此只要在泡孔结构稳定存在的前提下,就能很好地对热面的热量传导和辐射进行阻隔。从图4-15中可以看出,和其余40 mm以上喷注厚度相比,20 mm喷注厚度冷面温升曲线显得异常。这主要是因为20 mm厚度情况下从新鲜状态泡沫流体热稳定效果图可得液膜中水分大量蒸发,泡孔结构已经破坏,所以其类似于普通的泥浆或者粉体层隔热,隔热效果不佳。

　　为进一步研究不同支架高度、热面温度、喷注厚度对新鲜状态泡沫流体的隔热特性影响,选取了测试时间为300 s的不同喷注厚度泡沫流体的热面和冷面温度进行研究,如图4-16所示。

　　由图4-16可知,随着支架高度的增加,其热面温度逐渐下降,不同喷注厚度的新鲜泡沫流体冷面温度随着热面温度下降而下降,但不同的喷注厚度情况下新鲜泡沫流体的冷面温度变化速率不同。具体来说,支架高度从2 cm增加到22 cm,热面温度从584.8 ℃下降到120.1 ℃,下降幅度为73.3%;喷注厚度为20 mm新鲜泡沫流体冷面温从214.5 ℃下降到45.2 ℃,下降幅度为78.9%;喷注厚度为40 mm新鲜

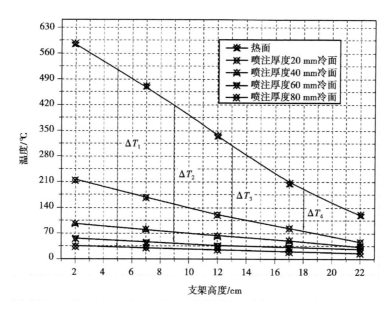

图 4-16　测试时间为 300 s 时不同喷注厚度热面冷面温度变化情况

泡沫流体冷面温度从 95.2 ℃ 下降到 33.5 ℃,下降幅度为 64.8%;喷注厚度为 60 mm 新鲜泡沫流体冷面温度从 54.6 ℃ 下降到 23.4 ℃,下降幅度为 57.1%;喷注厚度为 80 mm 新鲜泡沫流体冷面温度从 33 ℃ 下降到 15.3 ℃,下降幅度为 53.6%。随着喷注厚度的增大,冷面温度下降幅度减小,支架高度在 40 mm 以上时,冷面温度下降幅度小于热面温度下降幅度,这说明随着喷注厚度的增加,新鲜泡沫流体的隔热特性增强,阻止温度随着热面温度一起线性下降。图 4-16 中的 ΔT_1、ΔT_2、ΔT_3、ΔT_4 分别为某一热面温度下测试结束时(测试时间为 300 s)新鲜泡沫流体热面温度与冷面温度的温差,定义为隔热温度。从图中可以看出,隔热温度随着支架高度的增加而逐渐下降,这主要是因为支架高度增高,热面温度急剧下降,导致热面冷面温差变小。同时还可以看出,同一支架高度下,喷注厚度越大,隔热温度越大。

通过以上的分析可知,新鲜泡沫流体的隔热特性可以用隔热温度来表征,其主要受热面温度和喷注厚度两个因素影响。为此,根据表 4-3 中的数据计算出不同喷注厚度情况下不同热面温度对应的隔热温度,进而绘制出隔热温度与热面温度及喷注厚度之间的关系,如图 4-17 所示。

如图 4-17 可得,某一热面温度和喷注厚度对应有一个隔热温度,且隔热温度空间分布整体在一曲面上。为此,在 OriginPro 中采用非线性曲面拟合,得到三者之间的关系如式:

$$\Delta T = 1.38H + 0.89T_{\mathrm{h}} - 90.3 \qquad (R^2 = 0.984\ 6) \qquad (4\text{-}6)$$

式中　ΔT——隔热温度,℃;

H——喷注厚度,mm;

T_h——热面温度,℃。

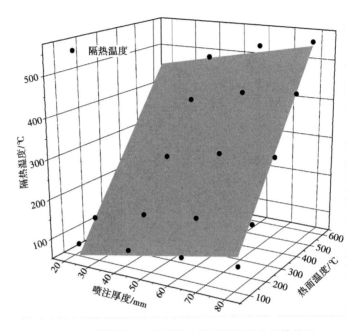

图 4-17　隔热温度与热面温度及喷注厚度之间的关系

4.3　无机固化泡沫隔热特性试验

　　作为一种多孔材料,无机固化泡沫的隔热能力受其基材矿物成分特性、孔隙率及环境温度影响[164-165]。对于泡沫体材料,已经有很多数学模型可以用来反映孔隙率与有效导热系数的关系[166-168]。随着计算机技术的发展,一些数值模拟模型也用来预测有效导热系数[169-171]。作为一种新型的隔热材料,有必要去测试其有效导热系数。但是,由于复合浆体及水基泡沫掺量会改变泡沫体系的孔隙率,现场实际施工中往往需要根据隔热要求进行作业,因此水基泡沫与复合浆体掺量体积比成为一个实际施工中常常需要用到的指标。研究表明,上述这些模型都没有明确地反映出掺量体积比对无机固化泡沫导热系数的影响。

4.3.1　测试原理及装置

　　热力学第二定律表明,只要物体之间存在温差,或者同一物体不同部分之间温度分布不均匀,就必然引起热量从高温物体向低温物体传递,或者从同一物体的高温部分传向低温部分。热量的传递是一种十分复杂的物理过程,大致分类有热传导、热对流及热辐射 3 种基本形式。因无机固化泡沫用于煤矿井下封堵裂隙、充填采空区等,所以热传导是其热力学特性的重要体现,故可以使用导热系数来评价无机固化泡沫的隔热性能。

对于稳态传热,可以假设有一块宽和高远大于厚度的无限大平壁,如图 4-18 所示,壁面厚度为 δ,一侧表面面积为 S,两侧表面分别维持均匀恒定温度 t_{w1} 和 t_{w2}。实践表明,单位时间内从表面 1 传导到表面 2 的热流量 Q 与导热面积 S 及导热温差 $t_{w1} - t_{w2}$ 成正比,与壁面厚度 δ 成反比。

$$Q = k_e S \frac{t_{w1} - t_{w2}}{\delta} \tag{4-7}$$

或

$$q = \frac{Q}{S} = k_e \frac{t_{w1} - t_{w2}}{\delta} \tag{4-8}$$

式中　q——热流密度,即单位时间通过单位面积的热流量,W/m^2;

　　　k_e——多孔介质有效导热系数,$W/(m \cdot K)$。

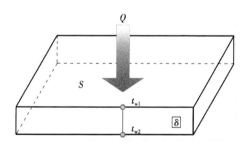

图 4-18　通过平壁的稳态导热分析示意图

导热系数是一种物性参数,反映材料导热能力的大小。不同材料的导热系数数值不同,同一材料的导热系数数值与温度等因素相关。一般来说,金属材料的导热系数较高,良导电体也是良导热体,固体的导热系数一般大于液体的导热系数,气体导热系数最小。

测试样品大小尺寸为 100 mm × 100 mm × 10 mm(图 4-19),以 100 mm × 100 mm 平面作为导热面积。将此试样按照图示位置关系,平放在导热系数测试仪(型号为 HFM436/3/1,德国耐驰仪器制造有限公司)中的测试台上,测试系统如图 4-20 所示。打开计算机上控制程序,启动测定试样导热系数的运行程序,等待仪器完成测试,即可在计算机上读取试样的导热系数数值。

尺寸: 100 mm × 100 mm × 10 mm

图 4-19 导热系数测试试样

图 4-20 导热系数测试系统

4.3.2　隔热特性试验

　　煤矿现场应用的堵漏材料须具有一定的隔热性能,其导热系数应控制在
0.1 W/(m·K)以下。固化泡沫作为一种多孔介质,其有效导热系数与固相导热系
数、气相导热系数以及气孔率有关。在固化泡沫所用基材和引入气体一定的情况
下,气孔率对固化泡沫有效导热系数影响较大,有效导热系数随气孔率的增大而减
小[172]。固化泡沫气孔率会随搅拌工艺、泡沫添加量而变化。为了确定固化泡沫有
效导热系数与泡沫添加量的定量关系,进行如下试验:水灰比为 0.38,复合粉体、水、
泡沫配比及所测试样干密度见表 4-4。

　　为了便于分析,设定复合浆体体积为 V(83 mL),相应不同水基泡沫掺量比情况
下的体积为 0,1V,2V,…,7V,由表 4-4 可得干密度、真密度及孔隙率随水基泡沫掺量
的变化,如图 4-21 所示。

表 4-4　有效导热系数与泡沫添加量关系试验配比

序号	水灰比	复合粉体质量/g	水的质量/g	浆液体积/mL	泡沫量/mL	干密度/(kg·m^{-3})
1	0.40	100	40	83	0	1 685.3
2	0.40	100	40	83	83	1 223.7
3	0.40	100	40	83	166	945.2
4	0.40	100	40	83	249	700.5
5	0.40	100	40	83	332	551.6
6	0.40	100	40	83	415	420.6
7	0.40	100	40	83	498	315.2
8	0.40	100	40	83	581	256.8

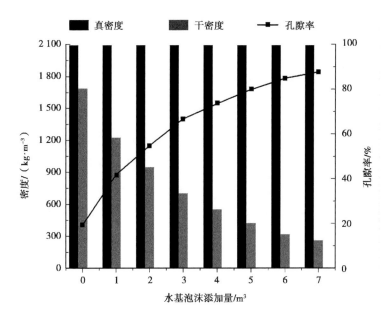

图4-21　真密度、干密度及孔隙率随水基泡沫添加量的变化

　　由图4-21可知,随着水基泡沫的添加量增加,制备得到的无机固化泡沫的真密度基本没有变化,但是其干密度却逐渐减小。这是因为随着水基泡沫的不断添加,复合浆体与水基泡沫混合之后,形成的新鲜状态泡沫流体体系中的泡沫会增多,导致体系的孔隙率提高。待无机固化泡沫流体内部不断发生水化反应,整个体系逐步凝结固化后,其干密度则会变小,而真密度是由制备流程中固态物质决定的,水基泡沫添加量不断增加时,并没有改变原来的基本混合比,所以真密度基本不变。此外,如图4-21所示,随着水基泡沫添加量的不断提高,后期无机固化泡沫的干密度也越来越趋近于某一数值,孔隙率虽然仍在增加,但其增长的速率和幅度上都有明显下降,孔隙率也逐渐稳定在某一数值,但永远不会达到100%。这是因为在无机固化泡沫形成过程中,由复合浆体提供的固态颗粒,固相介质(粉煤灰、水泥颗粒)以及在促凝剂的作用下与水发生水化反应形成的水化产物,共同构成了无机固化泡沫的形态骨架,这些固态物质可以堆积得较为严密,也可以较为松散,其松散程度可以用孔隙率来描述。但是,在无机固化泡沫制备过程中,无论水基泡沫添加量为多少,这种固态骨架是必须存在的,且其不能处在极其松散的状态。若是松散程度非常高,则这种骨架就会坍塌,制备的无机固化泡沫也便失去了应用可行性。所以,随着水基泡沫添加量不断提高,无机固化泡沫的干密度会不断降低,孔隙率不断升高,但二者均会趋向于某一稳定数值。气孔率大小与干密度和真密度有关,其计算方法为:

$$\varepsilon = \frac{\rho - \rho_0}{\rho} \qquad (4\text{-}9)$$

式中　ε——无机固化泡沫的气孔率;

　　　ρ——固化泡沫的真密度,按照《水泥密度测定方法》(GB/T 208—2014)[173]测定,试验得到 $\rho = 1\ 685.3\ \text{kg/m}^3$;

　　　ρ_0——固化泡沫的干密度,kg/m^3。

按照《泡沫混凝土》(JG/T 266—2011)[174]测定固化泡沫的干密度,对泡沫添加量与孔隙率进行指数回归拟合,得到式(4-10),其相关系数达到 0.982 7,具有很好的相关性,拟合图线如图 4-22 所示。

$$\varepsilon = a\mathrm{e}^{bV_{\mathrm{f}}} + c \qquad (4\text{-}10)$$

式中　ε——无机固化泡沫孔隙率,%;

　　　ρ——真密度,kg/m^3;

　　　a,b,c——常数;

　　　V_{f}——水基泡沫添加量,取 $V_{\mathrm{f}} = 83\ \text{mL}$。

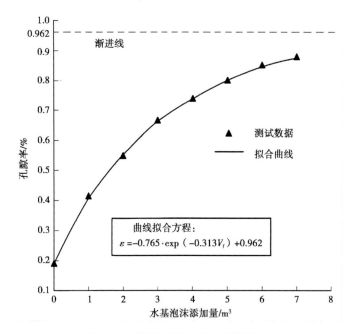

图 4-22　孔隙率随泡沫添加量的变化

伍德塞德(Woodside)等[175]研究了多孔介质导热系数的定量表达式,其值与固相导热系数、气相导热系数以及气孔率有关,见式(4-11)。该表达式以固相导热系数和气相导热系数的加权几何平均数作为多孔介质的有效导热系数。Woodside 模型预测值比其他模型更接近实测值[176]。

$$k_e = k_s^{1-\varphi} k_g^{\varphi} \tag{4-11}$$

式中 k_e——多孔介质有效导热系数,W/(m·K);

k_s——固相导热系数,W/(m·K);

k_g——气相导热系数,W/(m·K);

φ——孔隙率,%。

由式(4-11)求得多孔介质气孔率与有效导热系数、固相导热系数以及气相导热系数的关系式为:

$$\varepsilon = \frac{\ln k_s - \ln k_e}{\ln k_s - \ln k_g} \tag{4-12}$$

联立式(4-10)和式(4-12),可得:

$$V_f = \frac{1}{b}\left\{\ln\left[\frac{1}{a}\left(\frac{\ln k_s - \ln k_w}{\ln k_s - \ln k_g} - c\right)\right]\right\} \tag{4-13}$$

已知封闭状态下空气的导热系数为 0.023 W/(m·K),固化泡沫固相导热系数为 0.201 W/(m·K),则式(4-13)的参数值见表 4-5。赋值后的 Woodside 模型曲线如图 4-23 所示。

表 4-5 式(4-7)中参数赋值表

参数	k_s	k_g	a	b	c
数值	0.201	0.023	−0.765	−0.313	0.962

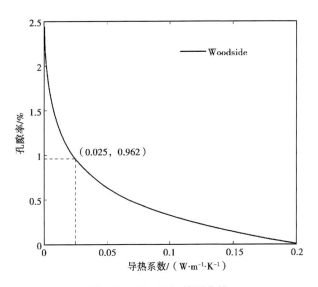

图 4-23 Woodside 模型曲线

为了验证式(4-13)的正确性,在实验室采用 NETZSCH 公司生产的 HFM 436/3/0 热流法导热分析仪测定水基泡沫添加量为 $8.3V$、$5.4V$ 和 $4.1V$ 条件下制备的无机固化泡沫试样的有效导热系数。同时,根据式(4-7),由导热系数反演计算得到理论上制备具有该导热系数无机固化泡沫所需的水基泡沫添加量。实测和理论计算结果如表4-6所列。

表4-6 不同水基泡沫添加量试样导热系数测定结果

试样编号	导热系数/$(W \cdot m^{-1} \cdot K^{-1})$	干密度/$(kg \cdot m^{-3})$	真密度/$(kg \cdot m^{-3})$	孔隙率/%	实际水基泡沫添加量	理论水基泡沫添加量
1	0.045	200	2 105.3	90.5	8.3V	3.3V
2	0.065	375	2 095.0	82.1	5.4V	1.8V
3	0.083	523	2 092.0	75.0	4.1V	1.1V

由表4-6可知,在描绘水基泡沫添加量与无机固化泡沫导热系数之间的关系时,式(4-13)具有一定的偏差。因此,可以对式(4-13)进行适度的修正,使修正后的公式能够很好地描述水基泡沫添加量与无机固化泡沫导热系数二者之间的定量关系。修正后的公式见式(4-14);修正后的曲线如图4-24所示。

$$V_f = -6.114 \ln(0.603 \ln k_w + 2.224) + 1.980 \tag{4-14}$$

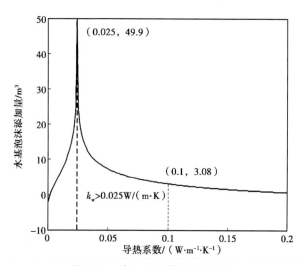

图4-24 式(4-13)修正后的曲线

由图4-24中修正后的泡沫添加量与有效导热系数的关系曲线可知,要使固化泡沫导热系数在0.1 W/(m·K)以下,添加的泡沫量至少为复合浆体体积的3.131倍。考虑到固化泡沫固相导热系数远大于0.026 W/(m·K),而封闭状态下空气导热系数接近0.026 W/(m·K),则使固化泡沫导热系数降到0.026 W/(m·K)以下不可能实现,曲线增区间[0,0.025]无实际意义。

5   无机固化泡沫力学性能研究

煤矿开采引起的裂隙是导致煤炭自燃的主要原因[177]。基于过去60多年对裂隙漏风引起的煤炭自然发火防治技术研究,水泥基泡沫体封堵材料已经成为防治技术未来的一个重要发展方向,主要是因为水泥基泡沫体材料具有优越的裂隙渗流能力、隔热能力、轻质耐压、阻燃环保等特点[178-180]。无机固化泡沫作为一种新型的轻质防火材料,泡沫流体渗流、扩散和固化在裂隙通道后,会影响煤岩裂隙的强度、孔隙率、渗透性,同时裂隙特征和采矿应力变化也会对已经固结的松散煤岩体及堵漏材料进行再次压溃破坏。因此,要实现无机固化泡沫对煤岩裂隙持续的封堵,其本身应该具有一定的抗压能力。然而,无机固化泡沫作为一种泡沫体材料,孔结构会影响密度、抗压强度、弹性模量、工程压溃应力,弹性应变、密实应变等力学性能参数[181-183]。国内外学者已经对煤矿用泡沫体充填材料,如聚氨酯泡沫[184]、有机固化泡沫[185]、无机聚合物泡沫[186]等的力学性能进行了研究,但是关于孔结构对材料的抗压强度和弹性模量的研究较少。粉煤灰作为一种火山灰材料,对固化泡沫孔隙率、泡沫大小、泡沫分布有一定的影响。上覆岩层移动,使得封堵加固后的煤岩体支承压力实时变化[187],即无机固化泡沫的受力环境为不同应变率动态加载,但是直到现在矿用封堵、充填材料动态加载情况下压缩、压溃过程特性还没有学者进行深入研究。

为此,本章节拟开展如下研究:

(1)基材中粉煤灰含量对抗压强度和弹性模量的影响。

(2)固化泡沫材料抗压强度和弹性模量随密度和孔隙率的变化规律以及二者之间的关系。

(3)采矿应力变化情况下,工程应力-应变曲线及压溃唯象本构模型。

5.1　测　试　方　法

5.1.1　力学性能测试

无机固化泡沫的力学性能测试参照《泡沫混凝土》(JG/T 266—2011)。样品采用铁模具制作,尺寸为100 mm(长)×100 mm(宽)×100 mm(高)的立方体,如图5-1所示。所有试验在微机控制的电子万能试验机(济南天辰试验机制造有限公司)上进行,如图5-2所示。样品测试前先进行密度测试。由于试验将压缩变形视为理想可压缩的,其应力 σ、应变 ε、应变率 τ 则可定义为如下公式:

$$\sigma = \frac{F}{A_0} \tag{5-1}$$

$$\varepsilon = \frac{L_f - L_0}{L_0} = \frac{\Delta L}{L_0} \tag{5-2}$$

$$\tau = v/L_0 \tag{5-3}$$

式中　F——加载力,N;

　　　A_0——原始试样截面积,m^2;

　　　L_0——试样原始长度,m;

　　　L_f——试样变形后的长度,m;

　　　ΔL——试样压缩长度变形量,m;

　　　v——加载速率,m/s;

　　　τ——应变率,s^{-1}。

图 5-1　力学性能测试样品

图 5-2　微机控制电子万能试验机

5.1.2　孔隙率和微观结构分析

孔隙率测试方法按照《水泥密度测定方法》(GB/T 208—2014)。测定无机固化泡沫断裂面形貌表征采用透光数码显微镜(DVET-U,重庆奥特光学仪器有限责任公司)测试,如图 5-3 所示。配套有形态学图像分析软件(捷达 801,江苏省捷达软件工程有限公司),可以进行孔径分布规律、平均孔径大小分析。孔壁微观形貌采用扫描电子显微镜(Quanta TM 250 SEM,FEI CoMPany,USA)进行表征。

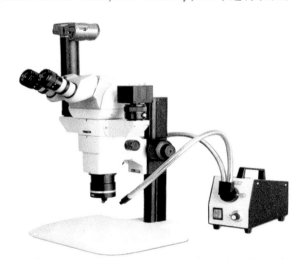

图 5-3　透光数码显微镜

5.2 粉煤灰含量对抗压强度和弹性模量的影响

为了研究粉煤灰含量对抗压强度和弹性模量的影响,以水灰比为 0.5、水基泡沫添加量为复合浆液 6 倍为基准,改变复合浆液中粉煤灰含量(10%、15%、20%、25%、30%、35%、40%),得到 28 d 无机固化泡沫的抗压强度和弹性模量变化如图 5-4 所示。

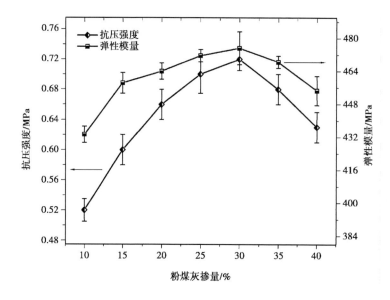

图 5-4 抗压强度和弹性模量随粉煤灰含量变化

从图 5-4 可知,随着粉煤灰掺量的增大,无机固化泡沫的 28 d 抗压强度和弹性模量都呈先增大、后减小的趋势,在粉煤灰掺量为 30% 时分别达到最大 0.72 MPa 和 475.43 MPa。无机固化泡沫作为一种泡沫材料,其孔壁是主要的承受应力的基体。在应力作用下,孔壁发生相应弹性形变,当应力达到一定强度值时,孔壁难以支撑,发生塑性形变。为此,对粉煤灰掺量分别为 10%、30% 和 40% 时的固化泡沫试样进行断裂面形貌表征,如图 5-5 所示。进一步采用孔径分布分析软件对孔径分布规律进行研究,得到的结果如图 5-6 所示。

由图 5-6 可知,粉煤灰掺量从 10% 增加到 30% 时,无机固化泡沫内部平均孔径从 450 μm 减小到 250 μm。结合图 5-5 得出,无机固化泡沫孔圆度随之提高,平均孔径减小可说明固化泡沫密实性或内部气泡均匀性得到提高,气孔越均匀固化泡沫强度越好。

(a) 10%   (b) 30%

(c) 40%

图 5-5 不同粉煤含量时固化泡沫试样断裂面微观形貌

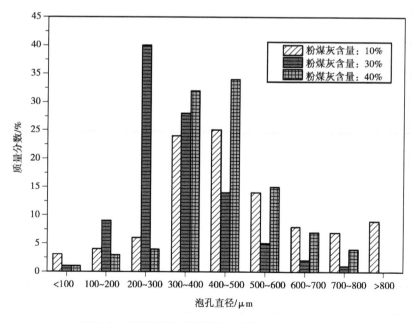

图 5-6 不同粉煤含量固化泡沫试样泡孔直径分布

需要特别说明的是,当粉煤灰含量为10%时,存在一部分(约9%)不规则的大孔,泡沫孔径大于 800 μm。当固化泡沫受压时,压应力容易向大孔集中,导致大孔破裂[188]。一个个破裂的大孔贯穿,就形成了固化泡沫的裂缝。当气孔大小一致时,各个气孔可以均匀受力,压力分散于各个气孔而不会集中。这是因为粉煤灰呈球状,具有滚珠效应,代替水泥内掺后能调整浆体的流动性从而改进孔的分布、尺寸以及形貌;粉煤灰掺量超过30%后,固化泡沫孔径增大,集中在 400~500 μm,主要是由于浆体流动性过大,稠度太低,连通孔变多,气孔尺寸变大,形貌变得不规则,分布不均匀。

除此之外,粉煤灰在无机固化泡沫中能够产生微集料和填充的作用,细度比水泥要小,用其替代普通硅酸盐水泥时起到填充作用,可在一定程度上提高水泥浆体的流动性,增大其密实度[189]。同时,使用一定的粉煤灰替代部分水泥,胶凝材料的总量是不变的,一定程度上增大了水胶比,这样就使得水泥在充足的水分条件下进行水化反应,生成较多的水化产物 $Ca(OH)_2$,为活性掺合料的二次水化反应提供了更好的前提条件,最终使其有更多的胶凝材料参与水化反应,其结构更致密,强度也更高[190-191]。在泡沫固化后期,粉煤灰中含有的活性成分能与前期水泥水化的产物 $Ca(OH)_2$ 发生二次水化反应,生成 CSH 凝胶,降低总的孔隙率。如图 5-7(a)所示,10% 粉煤灰掺量情况下孔壁水化产物之间出现裂缝,显得较为分散;图 5-7(b)和图 5-7(c)所示,30% 和 40% 粉煤灰掺量情况下孔壁水化产物结构更为致密,没有明显的裂缝,因此其强度较高。

(a)10%　　　　　　　　　　(b)30%

(c)40%

图 5-7　不同粉煤灰含量时固化泡沫孔壁微观 SEM 分析

5.3　密度对抗压强度和弹性模量的影响

为了研究密度对抗压强度和弹性模量的影响,实验室在水灰比为 0.5、复合粉体中粉煤灰含量为 30% 的情况下,通过改变泡沫掺量(从 2 倍增加到 9 倍浆液体积)得到不同密度和孔隙率的无机固化泡沫试块。对固化泡沫干密度与 28 d 抗压强度和弹性模量之间的关系进行了研究,见表 5-1。

表 5-1　不同密度和孔隙率固化泡沫的力学性能参数

样品序号	粉煤灰掺量/%	复合粉体相对密度	水基泡沫掺量	密度/(kg·m⁻³)	孔隙率/%	抗压强度/MPa	弹性模量/MPa
1	30	3.01	2	1 180	31.95	10.38 ± 0.425	1 225.15 ± 14.32
2	30	3.01	3	879	54.47	3.91 ± 0.082	928.42 ± 4.99
3	30	3.01	4	720	58.02	1.91 ± 0.082	795.24 ± 4.63
4	30	3.01	5	604	63.02	1.02 ± 0.024	675.92 ± 3.25
5	30	3.01	6	496	67.09	0.65 ± 0.059	466.45 ± 3.15
6	30	3.01	7	400	72.16	0.40 ± 0.026	355.26 ± 4.62
7	30	3.01	8	342	75.85	0.29 ± 0.012	275.36 ± 6.90
8	30	3.01	9	310	77.93	0.25 ± 0.008	226.72 ± 2.65

由表 5-1 可以看出,随着泡沫掺量的增加,无机固化泡沫密度逐渐降低,孔隙率逐渐增大,抗压强度和弹性模量也随之减小。这主要是因为泡沫添加量增加导致泡沫流体中基料减少,抗应力和弹性模量都降低[192]。如图 5-8 所示,为了更深入地研究密度与两者之间的关系,对其之间关系进行作图拟合,得到二者与密度之间都有很好的相关性(相关系数分别为 $R^2=0.9711$ 和 $R^2=0.9874$),见式(5-4)和式(5-5)。

$$\sigma_{el}^* = 0.068\,65e^{0.004\,45\varphi} \tag{5-4}$$

$$E^* = -2\,507.36e^{\frac{-\varphi}{1\,214.63}} + 2\,168.44 \tag{5-5}$$

由表 5-1 还可以看出,随着密度的增加,抗压强度和弹性模量都增加,其区别在于:抗压强度增幅率越来越大,弹性抗压模量增幅率却逐渐减小。这可能是因为抗压强度和弹性模量主要取决于基材的物相成分、泡孔结构参数、所受应力和对应的应变,而泡孔结构参数随着密度的改变而改变,它对抗压强度的影响大而对弹性模量的影响较小。

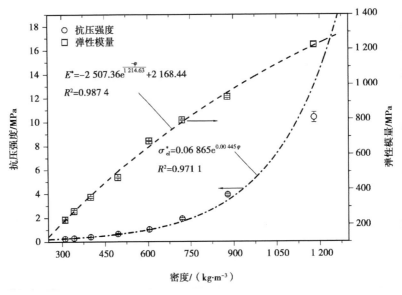

图 5-8　抗压强度和弹性模量随密度变化

5.4　孔隙率对抗压强度和弹性模量的影响

如图 5-5 所示,剖开硬化后无机固化泡沫可以观察到,它是由无数大小不一的气孔以及气孔壁组成的复合体。制备性能优异的无机固化泡沫,关键在于保证优良的气孔结构。必须具备以下几个条件:①气孔孔径不宜过大,孔径均匀;②孔间壁薄而密实、机械强度高;③气孔应该独立封闭而不是连通。泡沫结构能够用泡孔尺寸大小、连通性、表面粗糙度及孔隙率等参数进行表征,其中孔隙率是最主要的参数,其对多孔材料的强度影响最大[193]。为此,有必要研究孔隙率与抗压强度和弹性模量之间的关系模型。关于多孔材料,如玻璃、粉末金属、陶瓷、非金属脆性材料及多孔混凝土等的孔隙率与抗压强度关系模型,国内外学者已经开展了深入的研究,建立了二者之间的关系公式,见表 5-2。

表 5-2　前人研究抗压强度与孔隙率关系模型

序号	公式	数学规律	常数	备注
1	$\sigma_{el}^{*} = \sigma_0(1 - b\varphi)$	线性函数	b	由哈塞尔曼(Hasselmann)等[194]推导,研究对象为玻璃制品
2	$\sigma_{el}^{*} = \sigma_0(1 - \varphi)^{n}$	幂函数	n	由鲍尔钦(Balshin)[195]推导,研究对象为粉末金属
3	$\sigma_{el}^{*} = \sigma_0 \exp(-c\varphi)$	指数函数	c	由瑞仕凯威知(Ryshkevitch)等[196]提出,研究对象为陶瓷

表5-2(续)

序号	公式	数学规律	常数	备注
4	$\sigma_{el}^* = k\ln(\varphi_0/\varphi)$	对数函数	k	由席勒(Schiller)[197]推导,研究对象为非金属脆性材料
5	$\sigma_{el}^* = k\exp(-m\varphi)$	指数函数	k, m	由利安(Lian)[198]提出,研究对象为多孔混凝土

注:①σ_0 是孔隙率为 0 时材料的抗压强度,对于无机固化泡沫其值为 48 MPa;

②φ_0 是材料坑压强度为 0 时的孔隙率。

考虑到拟合公式应具有更高的相关系数,本研究中采用拟合公式基本形式为指数函数,如图5-9 所示。对表5-2 中提到的一般指数公式进行修正,得到了最终的孔隙率与抗压强度及弹性模量之间的关系式如下:

$$\sigma_{el}^* = 48e^{-0.044\,2\varphi} - 1.5 \tag{5-6}$$

$$E^* = -265.86e^{\frac{\varphi}{43.27}} + 1\,800.42 \tag{5-7}$$

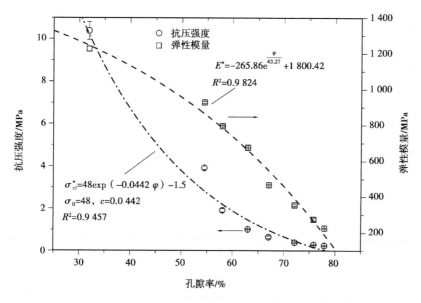

图 5-9　抗压强度和弹性模量随孔隙率变化

5.5　抗压强度和弹性模量之间的关系

关于水泥基材料的抗压强度和弹性模量之间的关系,前人已经做了很多研究[199]。本书采用实测样品数据拟合与《美国混凝土学会规范》(ACI 318)及《欧洲混凝土行业标准》(EN 1992-1-1)中推荐的拟合公式进行分析对比。美国混凝土学会规范关于混凝土弹性模量与抗压强度之间的关系为：

$$E = 0.043\rho_c^{1.5}\sqrt{\sigma_c'} \tag{5-8}$$

式中　E——弹性模量，MPa；

　　　ρ_c——密度，kg/m³；

　　　σ_c'——抗压强度，MPa。

对于一般密度的混凝土可以简化为公式：

$$E = 4\,700\sqrt{\sigma_c'} \tag{5-9}$$

《欧洲混凝土行业标准》（EN 1992-1-1）给出的关于弹性模量（E_{cm}）和抗压强度（σ_{cm}）之间的公式如下：

$$E_{cm} = 22\,000\,(\sigma_{cm}/10)^{0.3} \tag{5-10}$$

尽管无机固化泡沫和混凝土都属于水泥基材料，但是二者密度范围和孔结构特征都不相同。因此，对上述式(5-9)和式(5-10)进行修正，引入了修正系数 a。无机固化泡沫弹性模量与抗压强度之间的关系如图 5-10 所示。可以看出，弹性模量随着抗压强度的增加而增加。实际上，随着无机固化泡沫抗压强度的增大，水泥浆基质变得更密实，因此有更高的弹性模量。从图 5-10 中可以看出，欧洲混凝土行业标准比美国混凝土学会规范给出的公式拟合度更高。鉴于此，得出无机固化泡沫弹性模量与抗压强度之间的关系式为：

$$E^* = 924\left(\frac{\sigma_{el}^*}{9.45 \times 10^{-18}}\right)^{0.046\,1} - 5\,035, R^2 = 0.98 \tag{5-11}$$

从式(5-11)可以看出，函数的指数小于 1，这也解释了 5.3 节中随着密度增加、弹性模量和抗压强度增加速率不一致的原因。

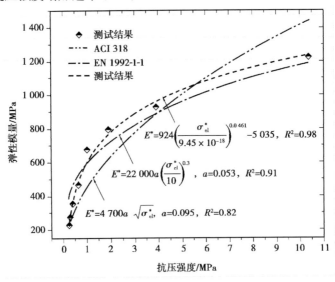

图 5-10　抗压强度与弹性模量之间的关系

5.6 工程压溃过程和唯象本构方程

由图 5-5 可知,无机固化泡沫是由排列无序、相互隔离的球状泡沫单元组成的。当其用于煤矿裂隙封堵充填时,由于受到实时变化的矿压影响,会发生力学破坏。根据无机固化泡沫的结构特点,其在承受矿压主要依靠内部泡沫壁作为骨架载体,通过泡沫壁将压力向四周分散。在这一过程中,泡孔壁的厚度、泡孔的直径、形状、分布均匀度等方面都会影响无机固化泡沫的整体承压能力。具有不同泡孔特征参数的泡沫单元,在承压一定的情况下也会发生不同程度的力学破坏情况。整个泡沫体系在逐渐的压溃过程中,因泡孔结构会具有一定的吸能作用,在无机固化泡沫整体弹性抗压阶段,其承载应力会逐渐增加,对应的应变较小;当整个泡沫体系中发生孔壁破坏的泡沫单元数逐渐增加时,其承受的应力和对应的形变规律就变得十分复杂。对于无机固化泡沫力学性能的研究,其被压溃后显现出来的应力应变规律值得人们深入研究。本次试验采用的试样为100 mm×100 mm×100 mm 的立方体,测试其密度分别为307 kg/m³、410 kg/m³、514 kg/m³、608 kg/m³、715 kg/m³;设定 3 种应变率分别为 0.001/s、0.01/s、0.1/s,为了分析其应力应变曲线的特征,绘制了密度为 307 kg/m³ 和 608 kg/m³ 的两种无机固化泡沫不同应变率($0.001 \ \mathrm{s}^{-1}$、$0.01 \ \mathrm{s}^{-1}$、$0.1 \ \mathrm{s}^{-1}$)下的应力-应变曲线,如图 5-11 所示;其对应的压溃过程不同应变效果,如图 5-12 所示。

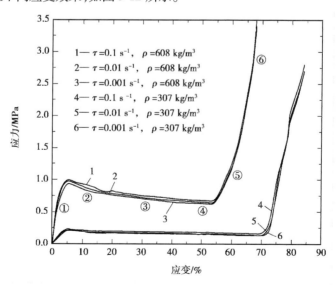

图 5-11 密度为 307 kg/m³ 和 608 kg/m³ 的两种无机固化泡沫
不同应变率下的应力-应变曲线

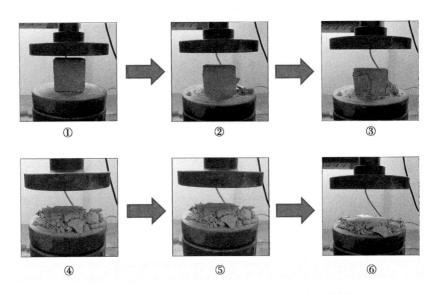

图 5-12　无机固化泡沫压缩测试过程不同应变效果

通过对密度为 307 kg/m³ 和 608 kg/m³ 的两种无机固化泡沫不同应变率 (0.001 s⁻¹、0.01 s⁻¹、0.1 s⁻¹)下的应力-应变曲线(图 5-11)及对应的压溃过程不同应变效果(图 5-12)分析可以得出:

(1)对于同一个密度的无机固化泡沫,其在不同应变率(0.001 s⁻¹、0.01 s⁻¹、0.1 s⁻¹)下的应力-应变曲线基本一致,这说明无机固化泡沫材料在此 0.001 ~ 0.1 s⁻¹ 应变范围内应变率敏感性较低。

(2)对于同一应变率测试的不同密度的无机固化泡沫,其工程压溃应力随着密度 ρ 的增加而增加,密度应变随着密度 ρ 的增加而减小且压溃平台区随密度 ρ 的增加而变窄;同时,任何一条应力-应变曲线其平台段都具有一定负值斜率,说明在平台端其应力随应变增加而减小。

(3)在 3 个不同应变率(0.001 s⁻¹、0.01 s⁻¹、0.1 s⁻¹)试验条件下,不同密度的无机固化泡沫工程应力-应变曲线表现出相似的形态。

而对于测试的 5 个不同密度的无机固化泡沫,越是密度低的无机固化泡沫且在低应变率试验条件下,得到的完整的工程应力-应变曲线呈现出更为明显的 3 个区域:①弹性区;②压溃平台区;③密实区。

为了给现场裂隙封堵、充填提供基本工艺设计参数,本书通过对无机固化泡沫在不同密度(307 kg/m³、410 kg/m³、514 kg/m³、608 kg/m³、715 kg/m³)和不同应变率 (0.001 s⁻¹、0.01 s⁻¹、0.1 s⁻¹)下的工程压溃应力 σ_{cr}^{*}、密度应变 ε_D 试验数据进行分析,推导拟合出无机固化泡沫的压缩唯象本构模型。由于弹性区的应变相对压溃平台区的应变而言可以忽略不计,因此不考虑材料的弹性部分;同时,无机固化泡沫在应变率范围(0.001~0.1 s^{-1})内表现出应变率不敏感性,也不考虑应变率对无机固化泡沫的影响。通过对图 5-13 所示试验数据的分析发现,无机固化泡沫的工程压溃应力 σ_{cr}^* 与密度 ρ 呈现以下指数关系[200]:

$$\sigma_{cr}^* = \sigma_0 \left(\frac{\rho}{\rho_0} \right)^A \tag{5-12}$$

式中 σ_0——无机固化泡沫在某一密度应力初值;

　　　ρ_0——对应的工程压溃应力初值。

由前面分析可得,低密度的工程应力-应变曲线更能形象地描述无机固化泡沫压溃变形的 3 个区域,ρ_0 通常选用可用的最小密度,即为 307 kg/m^3,对应的 σ_0 取值为 0.22 MPa。可以通过其他密度情况下无机固化泡沫的工程压溃应力值,以式(5-12)的基本形式为指定函数,采用 Orgin8.6 软件进行数据拟合,可以求解出指数 A 的值为 2.35。同理,由于密度应变 ε_D 随着密度 ρ 的变大而减小,通过对不同密度的试验数据的密度应变 ε_D 进行分析(图 5-13),可采用式(5-13)来描述 ε_D 与密度 ρ 的关系:

$$\varepsilon_D = a - b \left(\frac{\rho}{\rho_0} \right)^n \tag{5-13}$$

式中 a, b——拟合系数。

代入数据可得:

$$\varepsilon_D = 1.00 - 0.29 \left(\frac{\rho}{\rho_0} \right)^{0.66} \tag{5-14}$$

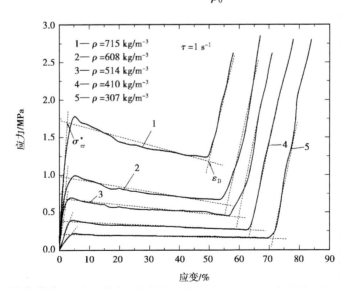

图 5-13　应变率为 0.1s^{-1}时不同密度无机固化泡沫的工程应力-应变曲线

为了验证预测式(5-12)和式(5-13)的准确性,在图 5-13 中密度为 307 kg/m^3、

410 kg/m³、514 kg/m³、608 kg/m³、715 kg/m³ 的无机固化泡沫的工程应力-应变试验结果曲线中提取工程压溃应力 $\sigma_{cr,exp}^{*}$ 和密度应变 $\varepsilon_{D,exp}$，同时采用预测公式代入密度值进行计算得出预测工程压溃应力 $\sigma_{cr,pre}^{*}$ 和密度应变 $\varepsilon_{D,pre}$，比较结果见表5-3和表5-4。

表5-3　无机固化泡沫工程压溃应力测试与公式预测结果($\tau=0.1\ s^{-1}$)

σ_{cr}^{*}	密度/(kg·m⁻³)				
	307	410	514	608	715
$\sigma_{cr,exp}^{*}$/MPa	0.22±0.02	0.40±0.03	0.70±0.06	0.99±0.12	1.70±0.18
$\sigma_{cr,pre}^{*}$/MPa	0.22	0.43	0.73	1.09	1.60
相对误差/%	0	6.91	4.12	10.00	6.25

表5-4　无机固化泡沫密实应变测试与公式预测结果($\tau=0.1\ s^{-1}$)

ε_{D}	密度/(kg·m⁻³)				
	307	410	514	608	715
$\varepsilon_{D,exp}$/%	72±1	64±2	60±2	56±1	49±2
$\varepsilon_{D,pre}$/%	71	65	59	54	50
相对误差/%	1.41	1.54	1.69	3.70	2.00

从表5-3中可以看出，不同密度下(307 kg/m³、410 kg/m³、514 kg/m³、608 kg/m³、715 kg/m³)工程压溃应力试验测试值 $\sigma_{cr,exp}^{*}$ 分别为 0.22 MPa、0.40 MPa、0.70 MPa、0.98 MPa、1.70 MPa。对应密度情况下采用式(5-12)得出的预测值 $\sigma_{cr,pre}^{*}$ 分别为 0.22 MPa、0.43 MPa、0.73 MPa、1.09 MPa、1.60 MPa，其相对误差除了密度为608 kg/m³ 达到10%以外，其他密度情况下均较小。因此，式(5-12)基本能够较好地表征密度和工程压溃应力 σ_{cr}^{*} 之间的关系。从表5-4中可以看出，不同密度(307 kg/m³、410 kg/m³、514 kg/m³、608 kg/m³、715 kg/m³)密度应变试验测试值 $\varepsilon_{D,exp}$ 分别为72%、64%、60%、56%、49%。对应密度情况下采用式(5-13)得出的预测值 $\varepsilon_{D,pre}$ 分别为71%、65%、59%、54%、50%，其相对误差分别为1.41%、1.54%、1.69%、3.70%、2.00%，均小于5%。由此可见，式(5-13)能够很好地反映密度 ρ 分别对密度应变 ε_{D} 的影响。

如图5-13所示，对压溃平台区 σ-ε 曲线进行深入分析可得：首先，对于单个密度的无机固化泡沫而言，压溃流动应力 σ_{pl} 随应变的增加而下降(斜率为负值)；其次，对于不同密度的无机固化泡沫而言，密度 ρ 越大，平台斜坡缓慢增加。因此，密度对应力的影响程度某种程度上与所处的应变量有关。为了描述压溃流动应力 σ_{pl} 与 ρ、ε 之间的关系，结合式(5-12)所表示的工程压溃应力 σ_{cr}^{*}，可采用以下方程表示：

$$\sigma_{\mathrm{pl}} = \left(\frac{\rho}{\rho_0}\right)^A \left(\sigma_0 + k\left(\frac{\varepsilon}{\varepsilon_{\mathrm{D}}}\right)^m\right) \tag{5-15}$$

在无机固化泡沫开始进入密实段时,材料从压溃状态逐渐变成密实状态,密度持续增加,而材料应变变化很小,应力迅速增大。结合这些特点,并且考虑密度应变 ε_{D} 随着密度 ρ 的增大而减小,故采用一形状修正函数 $f(\varepsilon)$ 来描述不同密度下无机固化泡沫压溃平台区后一部分及密实区,即:

$$f(\varepsilon) = 1 + Ce^{B\left(\frac{\varepsilon}{\varepsilon_{\mathrm{D}}}-1\right)} \tag{5-16}$$

由式(5-14)、式(5-15)和式(5-16)可知,最后得到无机固化泡沫唯象本构模型为:

$$\sigma = \sigma_{\mathrm{pl}}f(\varepsilon) = \left(\frac{\rho}{\rho_0}\right)^A \left[\sigma_0 + k\left(\frac{\varepsilon}{\varepsilon_{\mathrm{D}}}\right)^m\right]\left[1 + Ce^{B\left(\frac{\varepsilon}{\varepsilon_{\mathrm{D}}}-1\right)}\right] \tag{5-17}$$

结合本文的试验数据得到各具体参数,即无机固化泡沫的本构模型为:

$$\sigma = \sigma_{\mathrm{pl}}f(\varepsilon) = \left(\frac{\rho}{307}\right)^{2.35}\left[0.22 - 0.14\left(\frac{\varepsilon}{\varepsilon_{\mathrm{D}}}\right)^{1.11}\right]\left[1 + 2.950\,572e^{14.28\left(\frac{\varepsilon}{\varepsilon_{\mathrm{D}}}-1\right)}\right]$$

$$\tag{5-18}$$

图5-14给出了无机固化泡沫在不同应变率($0.001\ \mathrm{s}^{-1}$、$0.01\ \mathrm{s}^{-1}$、$0.1\ \mathrm{s}^{-1}$)下式(5-17)的模型预测结果与试验结果的比较。可以看出,预测曲线和试验曲线重合度较高,本书提出的本构模型能较好地描述无机固化泡沫压缩曲线。将固体密实切块密度 ρ_{s} 代入上述公式,可以得到力学性能与孔隙率 φ 之间的内部关系为:

$$\sigma = \sigma_{\mathrm{pl}}f(\varepsilon) = \left[\frac{\rho_{\mathrm{s}}(1-\varphi)}{307}\right]^{2.35}\left[0.22 - 0.14\left(\frac{\varepsilon}{\varepsilon_{\mathrm{D}}}\right)^{1.11}\right]\left[1 + 2.950\,572e^{14.28\left(\frac{\varepsilon}{\varepsilon_{\mathrm{D}}}-1\right)}\right]$$

$$\tag{5-19}$$

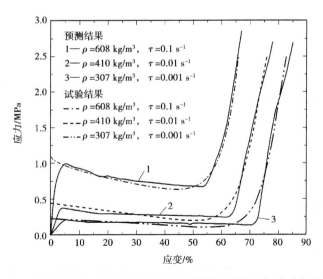

图5-14 不同密度不同应变率时压溃本构模型预测结果与试验数据比较

6 无机固化泡沫裂隙渗流、降温与堵漏试验

煤矿井下最易产生自燃的地点是采空区的遗煤和破碎煤柱。受采动影响,隔离煤柱和顶煤的应力急剧变化,很容易产生破碎,并且一般顶煤和煤柱两侧都存在压差导致巷道内风流向破碎煤体渗入,这些都为煤自燃提供了氧气条件。一旦未能及时发现煤自燃征兆,很可能导致火源区域扩大并引起火灾,甚至引发瓦斯爆炸事故。目前,国内外对煤自然发火规律的研究主要集中在煤自燃早期预测预报技术、采空区流场模拟和采空区自然发火"三带"的分布范围等方面,针对沿空掘巷煤自然发火的研究涉及范围较少。沿空掘巷工作面回采期间沿空侧遗留的小煤柱自然发火防治一直是该类工作面煤自燃防治的重点,而无机固化泡沫压注是一个非常复杂的过程。为了使泡沫流体能够有效地到达需要封堵的裂隙及高温火源点区域,科研人员有必要开展压注过程中泡沫流线本身的渗流、扩散、运移规律研究。但是,由于压注无机固化泡沫流体具有极强的隐蔽性,在松散煤岩介质内部,泡沫流体本身具有的流体力学参数难以获取,且内部运移图像也难以采集。在地下注浆工程领域,对于浆液在介质内部扩散模型的研究都是通过一些假设和近似,对研究对象进行简化,这样误差较大。相似模型试验方法可以为这类问题的研究提供思路,通过真实检测多孔介质中泡沫流体的某些关键流体力学参数,反映压注过程中各个因素的作用关系,进而总结出泡沫流体在多孔介质内部渗流扩散规律,并与理论模型进行验证。

本章节采用相似模型方法,以山东济宁鹿洼煤矿隔离小煤柱及周边采空区松散煤岩体分布情况为基础,铺设相似模型,进行泡沫流体压注试验,监测压注过程中泡沫流体的渗流压力,在此基础上推导出泡沫流体的扩散规律。

6.1 模型试验设计

6.1.1 模型试验相似分析

在进行模型试验时,首先根据相似原理对现场实际研究对象进行结构和尺寸的相似缩放;然后根据某矿隔离煤柱及其附近采空区裂隙区域尺寸大小、内部裂隙孔隙率的分布规律进行分析。尺寸大小参考某矿现场隔离煤柱的宽度大小并取相同宽度范围的周边采空区裂隙区域。煤柱区域铺设介质为碎煤,煤柱孔隙率呈中间小、两端较的分布规律。煤柱周边采空区的裂隙区域按照煤柱往采空区方向依次减小的分布规律进行铺设。

6.1.2 模型试验的意义和目的

本章模型试验主要研究以下关键内容:

(1)立体复杂裂隙网络中,无机固化泡沫流体在扩散过程中的渗流压力场时空变化规律。

(2)无机固化泡沫流体在多孔介质中的扩散半径公式及影响因素分析,进而得出其扩散渗流规律。

(3)研究无机固化泡沫流体对隐蔽煤柱高温区域的渗流、覆盖包裹、降温效果。

(4)开展松散煤岩体裂隙封堵试验,研究在不同表面不同压注厚度情况下其堵漏风效果。

(5)研究无机固化泡沫流体裂隙渗流扩散效果的空间分布规律。

(6)开展无机固化泡沫流体与煤岩石体固结后接触面黏结情况分析。

(7)开展无机固化泡沫高位渗流堆积性研究。

6.1.3 模型试验系统

整个模型试验系统由4个部分组成:升降式灌注装置、模型试验架、填充介质模型和监测系统。无机固化泡沫流体由自行研制的制备系统生产,具体情况见本书第3章。随后将制备好的无机固化泡沫流体装入升降式灌注装置中,使泡沫流体具有一定的压力,之后对裂隙模型进行灌注。

(1)升降式灌注装置

升降式灌注装置有一个直径为800 mm、高为800 mm的圆桶,容积约为400 L,

其底部设有出口及阀门,上面用绑带与实验大厅中的起重机相连,可通过升降实现不同的泡沫流体灌注压头,如图 6-1 所示。

图 6-1　升降式灌注装置

(2)模型试验架

整个装置分为上、下两个部分,上部为相似模型区,下部为真空测试腔体,如图 6-2 所示。上部相似模型区为有机玻璃材质,模型尺寸为:长 1 000 mm,宽 800 mm,高 500 mm,底板上设有两排连通孔,每排各 5 个,共 10 个,与下部的真空测试腔体相连;真空测试腔体为木材质,内设有一个可抽出式抽屉,抽屉与真空腔体四周采用玻璃胶密封。相似模型区由煤柱模块和周边裂隙模块组成;煤柱模块尺寸为:长 1 000 mm,宽 400 mm,高 500 mm,周边裂隙区域尺寸与煤柱模块相同。在相似模型区左侧中心线上不同高度设置上、中、下 3 个灌注口,真空测试腔体左侧设有 1 个抽真空口并安装有 1 个真空压力表。

(3)填充介质模型

如图 6-3 所示,煤柱模块及周边裂隙模块的相似尺寸选择主要以现场区域实际煤柱宽及其周边裂隙范围分布为参考。为了使无机固化泡沫流体渗流、扩散效果对比更加明显,所有模块中充填的煤颗粒和煤矸石应去除杂色,整体呈深黑色。煤柱模块中裂隙孔隙率设置为 0.15;周边裂隙区域设置为 0.35,孔隙率的控制采用体积填充法。整个模型铺设高度为 350 mm,采用分层铺设,为了准确体现模型内部孔隙率的分布及便于在模型中间不同层位、坐标处埋设微型土压力计、高温点、热电偶等,每层铺设高度为 50 mm,总共铺设 7 层。

图 6-2 模型试验架

图 6-3 填充介质模型

（4）监测系统

监测系统包括泡沫流体渗流压力监测系统、隐蔽高温点温度监测系统、真空腔室负压监测系统和渗流扩散平面图像实时采集系统 4 个部分。泡沫流体渗流压力监测系统：在上述的充填介质模型中的不同坐标处埋设微型土压力计[尺寸为15 mm × 6.4 mm，最大测量值0.1 MPa，精度 ±1.0% F.S.，金坛市儒林恒达电器仪表厂订制生产，接线方式为输入：A（红色）+ Eg，C（黑色）- Eg；输出：B（白色）Vi$^+$，D（黄色）Vi$^-$，如图 6-4 所示。应变数据采集系统由 YE2539 高速静态应变仪，计算机及支持软件组成,如图6-5所示。YE2539高速静态应变测试仪采用了具有低噪声、低漂移(时漂:零点漂移 ≤ ±3 10^{-6}/4 h,温漂:零点漂移 ≤ ±1^{-6}/℃)、高线性度、高输入阻抗及高共模抑制比等优点的进口高性能仪表放大器和具有转换速度快、抗噪声性能好、精度高(微应变为10^{-6})等优点的多重积分式 A/D 转换器,其内置由精密低温漂电阻组成的内半桥,同时又提供了公共补偿片的接线端子,故每个测点都可通过不同的组桥方式组成全桥、半桥、1/4 桥(公共补偿片)的形式。

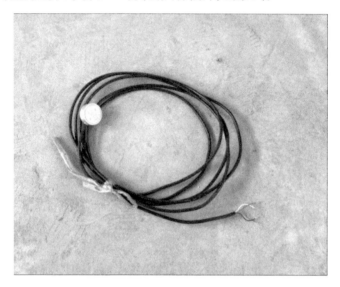

图6-4　微型土压力计

图6-5　应变数据采集系统

隐蔽高温点温度监测系统由铠装热电偶(LB-3 上限:1 300 ℃,短时 1 600 ℃,图 6-6)和数字测温表组成(分辨力:0.1 ℃/0.1 ℉;准确度:0.1% ±0.4°;最大显示值:1 999 ℃,图 6-7)。真空腔室负压抽取采用 2XZ-2 直联旋片式真空泵(图 6-8),负压值由 BD-801KZ 数字真空压力表(测量范围:-0.1~0 MPa,图 6-9)测量。渗流扩散平面图像实时采集由高速动态分析仪和计算机支持软件组成,如图 6-10 所示。

图 6-6　铠装热电偶

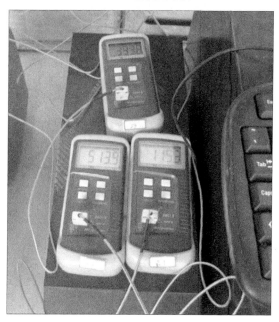

图 6-7　数显式温度表

图 6-8 直联旋片式真空抽气泵

图 6-9 数字真空压力表

图 6-10 渗流扩散平面图像实时采集系统

模型中共设置微型土压力计 10 个,隐蔽高温火源点 1 处,直径为 100 mm,高度为 100 mm 的蜂窝煤(图6-11),热电偶 4 个。上述监测点的布置平面图如图6-12所示;其坐标见表6-1所列(Z 方向为模型充填介质模型高度方向;灌注口处坐标设置为:$X = 0$,$Y = 0$,$Z = 0$)。

图 6-11 隐蔽高温火源点

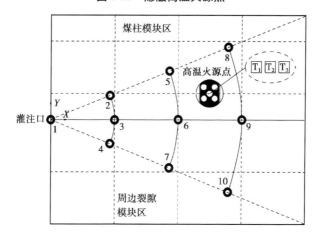

图 6-12 监测点布置平面图

表 6-1 渗流试验监测点布置坐标值

监测点名称	X/mm	Y/mm	Z/mm
微型土压力计 1	0	0	300
微型土压力计 2	232	93	250

表 6-1（续）

监测点名称	X/mm	Y/mm	Z/mm
微型土压力计 3	250	0	250
微型土压力计 4	232	-93	250
微型土压力计 5	464	186	200
微型土压力计 6	500	0	200
微型土压力计 7	464	-186	200
微型土压力计 8	696	279	100
微型土压力计 9	750	0	100
微型土压力计 10	696	-279	100
热电偶 T_1	625	100	100
热电偶 T_2	625	100	150
热电偶 T_3	625	100	200

6.1.4 试验步骤

模型试验主要步骤如下：

（1）按照模型填充介质设计要求铺设相似模型，在分层铺设过程中埋设微型土压力计监测元件，隐蔽高温火源点，热电偶等。

（2）连接监测设备，调试高速动态分析仪，进行静态应变仪软件自动调零。

（3）进行渗流降温试验，在实验室无机固化泡沫产生装置中制备出固化泡沫流体，并将其倒入升降式灌注装置内，按设计要求的出口压力调节好升降高度，进行灌注实验。打开喷注口，全过程实时录像，并记录好监测探头数据，分析应力和对应的扩散图像，结合泡沫流体黏度参数，得出渗流扩散规律；同时检查底部腔室内是否有排液水，并对排液水的质量进行称重，得出泡沫流体的热稳定性。

（4）待渗流降温试验结束，切换灌注口，进行堵漏隔风性能测试（20 mm、40 mm、60 mm、80 mm 等不同厚度）。

（5）清理模型，并取煤岩与泡沫流体固结体样品，用以分析二者固结面情况。进行泄漏口胶带密封、单纯松散煤岩体、稠化浆体覆盖 20 mm 厚度、无机固化泡沫流体覆盖 20 mm 厚度等 4 组对比试验。

（6）开展泡沫流体高位渗流堆积性试验。

6.2 监测点渗流压力分析

灌注无机固化泡沫流体过程中,通过试验模型内埋设的土压力计,监测不同坐标处裂隙通道中泡沫流体的渗流压力,数据采集时间间隔为 2 s。所有渗流压力监测点都采集到数据时,结束渗流试验,整个试验用时约 15 min。试验中,监测裂隙通道中泡沫流体渗流压力采用的 0.1 MPa 微型土压力计,其测量流体渗流压力与应变量之关系见式(6-1),泡沫流体介质标定后率定参数见表 6-2。

$$p = a + b\varepsilon \tag{6-1}$$

式中　p——渗流压力,kPa;

　　　ε——应变量,10^{-6};

　　　a,b——率定参数。

表 6-2　0.1 MPa 微型土压力计率定参数

仪器编号	率定参数	
	a	b
微型土压力计 1	− 0.80 875	0.06 873
微型土压力计 2	− 1.58 700	0.05 042
微型土压力计 3	− 1.44 946	0.05 691
微型土压力计 4	− 1.22 361	0.05 934
微型土压力计 5	− 0.92 195	0.06 540
微型土压力计 6	− 1.43 612	0.06 260
微型土压力计 7	− 1.02 616	0.06 676
微型土压力计 8	− 0.34 060	0.08 350
微型土压力计 9	− 1.11 560	0.06 587
微型土压力计 10	− 1.02 340	0.06 231

根据表 6-2 所列的微型土压力计率定参数计算出泡沫流体的渗流压力,其随时间的变化分别如图 6-13 和图 6-14 所示。

由图 6-13 和图 6-14 可得,1#~10#监测点数据整体都在一定的范围内上下波动。除了灌注口 1#监测点以外,整体上分为 3 组:第一组为 2#、3#、4#监测点,第二组为 5#、

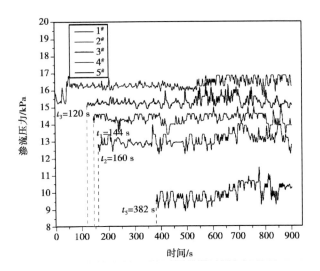

图 6-13 1#~5#监测点渗流压力随时间变化

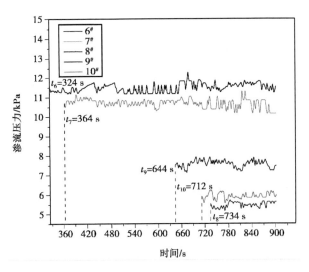

图 6-14 6#~10#监测点渗流压力随时间变化

6#、7#监测点,第三组为 8#、9#、10#监测点。随着扩散距离的增加,其渗流压力呈逐渐减小的趋势,这与传统注浆渗流扩散规律一致。1#监测点从采集数据开始一直有数据,渗流压力在 16.37 kPa 上下浮动;第一组 2#、3#、4#监测点分别布置在压碎煤柱、中心线及煤体周边采空区内,3 个监测点的渗流扩散距离分别为 255 mm、250 mm、255 mm。其中,3#监测点在 120 s 时最早监测到渗流压力,而 2#、4#监测点分别在160 s 和 144 s 时才监测到渗流压力,这主要是由于浆液在煤柱内比在采空区渗流过程中多孔介质孔隙率小,在裂隙通道中沿程阻力损失大,所以在相同渗流距离为

255 mm的情况下,泡沫流体渗流到2#监测点需要更长的时间。此外,2#监测点的平均渗流压力为13.13 kPa,比3#监测点(平均渗流压力为14.97 kPa)和4#监测点(平均渗流压力14.36 kPa)小。5#、6#、7#监测点和第一组2#、3#、4#监测一样,也是沿着中心线布置在煤柱及采空区两侧,3个监测点的渗流扩散距离分别为510 mm、500 mm、510 mm,与第一组数据一样,也是处于中心线的6#监测点在324 s时最早监测到渗流压力,平均渗流压力值为11.94 kPa。布置在采空区内的7#监测点在364 s时监测到渗流压力,平均渗流压力值为10.72 kPa。处于煤柱中的5#监测点,在382 s时监测到渗流压力,平均压力值为10.05 kPa。

第三组8#、9#、10#监测点的渗流扩散时间和渗流压力大小关系类似于前两组。3个监测点的渗流扩散距离分别为776 mm、750 mm、776 mm。处于中心线的9#监测点在644 s时最早监测到渗流压力,平均渗流压力值为7.63 kPa。布置在采空区内的10#监测点在712 s时监测到渗流压力,平均渗流压力值为5.98 kPa。处于煤柱中的5#监测点在734 s时监测到渗流压力,平均压力值为5.52 kPa。虽然3组间的渗流扩散距离差值均在250 mm左右,但是3组间的渗流扩散时间差和平均渗流压力值差都在不断增大,这主要是因为在泡沫流体在松散煤岩体内裂隙通道中渗流扩散时,随着能量损耗,扩散速度越来越小。因此,在扩散相同渗流距离时,其后续用时会越来越长,压力差值会越来越大。

6.3 无机固化泡沫流体渗流扩散特性

前文对埋设在模型内部监测点的数据进行了分析,为了更形象的说明泡沫流体的扩散形态,采用高速摄影仪对灌注全过程进行了监测,X-Y平面泡沫流体渗流扩散形态如图 6-15 所示。

由图 6-15 可得,随着灌注时间的增加,泡沫流体在 X-Y 平面呈现椭球形扩散,在煤柱和采空区内扩散的速度不协同,采空区内泡沫流体扩散范围明显大于煤柱内泡沫流体扩散范围,这主要是因为煤柱区域内的裂隙孔隙率小,泡沫流体自由扩散所受到的阻力大。从不同时刻扩散面积大小来看,随着时间的增加,扩散面积越来越大,但扩散面积的增幅却越来越小,这主要是因为泡沫流体属于时变性宾汉流体,从60 s 时的4 360 MPa·s增加到360 s 时的4 451 MPa·s,黏度增大泡沫流体流动速度减缓;同时,扩散范围越大,泡沫流体在复杂裂隙网络中的渗流压降会逐渐降低,流体锋面扩散呈现放缓的趋势。此外,由于泡沫流体其孔壁基材会发生水化凝结反应,孔壁水化产物增加,水化析出的部分桥接晶体使得泡沫流体以一个整体的形式进行流动,因此阻力也增大,随着时间的增加,趋于凝结。图 6-16 为 3 h 后流体渗流扩散锋面在煤岩体表面的凝结效果。从图中可以看出,泡沫流体能够很好地在试验煤岩体表面进行渗流覆盖,凝结面泡沫稳定存在,形成一定厚度的泡沫体,能够很好

图 6-15　*X-Y* 平面无机固化泡沫流体渗流扩散形态

地隔离煤氧复合,是煤自然防治的有效途径。

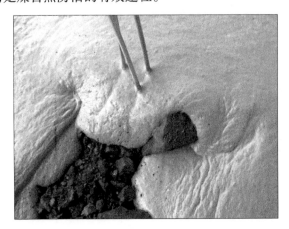

图 6-16　3 h 后无机固化泡沫流体扩散锋面凝结效果

　　为了更深入地分析无机固化泡沫流体在试验模型内部的渗流扩散情况,分别对试验模型 X-Z、Y-Z 截面进行拍照,如图 6-17 和 6-18 所示。

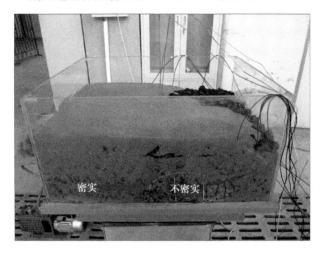

图 6-17　X-Z 渗流截面无机固化泡沫流体渗流扩散形态

图 6-18　Y-Z 渗流截面无机固化泡沫流体渗流扩散形态

　　由图 6-17 可得,在 X-Z 渗流截面上,随着渗流扩散距离的增大,X 方向上泡沫流体在裂隙通道中渗流的密实效果降低,这主要是因为邻近灌注口处的泡沫流体渗流压力大、流速大、渗流扩散充分,而远离灌注口端泡沫流体渗流压力损失较大。此时,泡沫流体更易向一些大裂隙扩散,只有大裂隙密实封堵后,泡沫流体才会在前端压头的推动下向小裂隙渗透。在灌注口处,与 Z 方向同一高度的松散裂隙渗流更充分,灌注口高度以上的平面渗流次之,渗流扩散效果最差的是灌注口高度以下部分。这说明泡沫流体在灌注口具有较高的初始速度,在其初始速度矢量方向上,其渗流扩散能力强,而在该矢量方向以下或者以上,其速度分量较小。平面渗流充分的原因是:在平面渗流过程中,裂隙通道周边接触面是敞开的,裂隙通道阻力小,往下渗流不充分。泡沫流体并不像一般的水泥浆液一样,受自身重力作用,容易向下渗流扩散。这是因为泡沫流体相对于普通水泥浆液其自身密度小,约为普通浆液密度的1/5,所以其重力作用不明显;另外,泡沫流体中是以泡沫为单元的,水泥和粉煤灰颗粒黏附在泡孔壁上或者存在于泡沫液膜中,形成骨架,其自身不会发生重力沉降。单个泡沫的空间约为 400 μm,且各个泡沫连接在一起,所以其尺寸远大于单个一般水泥浆中单个水泥粉煤灰颗粒。在一些裂隙宽度不大的通道中,如果泡沫流体渗流压力不大,那么很难发生下渗透现象。因此,在 X-Z 截面上呈现 X 方向从左向右扩散不充分、Z 方向以灌注口高度以上或以下扩散不充分的现象。

由图 6-18 可得,在 Y-Z 渗流截面上,Y 方向上呈现左边不密实、右边密实现象。这是因为左侧为煤柱模型区,其孔隙率为 0.15,右边为采空区模型区,其孔隙率为 0.35。该截面处于灌注口截面,泡沫流体从灌注口流程后,更易于向孔隙率、裂隙宽度大的右侧采空区渗流扩散。在 Z 方向上没有出现 X-Z 截面呈现的灌注口高度以上或以下扩散不充分的现象,除了顶部由于其为表面渗流且扩散充分外,煤柱和采空区两个区域内上下分布较均匀。这是因为灌注口泡沫流体的出口方向为 X 方向,其与 Y-Z 截面处于垂直方向,该截面渗流的扩散主要是由于泡沫流体在 X 方向上渗流裂隙受阻后往上下裂隙通道运移,运移过程中主要受到 Z 方向上裂隙宽度的影响。因此,在 Y-Z 截面上渗流扩散效果只呈现"左疏右密"的现象。

6.4 无机固化泡沫流体裂隙渗流扩散规律研究

在工程注浆领域,不同流型的浆液在岩土中的扩散情况有很大的差异。为了满足工程需要,必须针对不同的浆液制定合理的注浆参数,而这些注浆参数的确定需要注浆理论的指导。目前,在注浆领域里普遍存在理论滞后现象,而相对比较成熟的是渗入性灌浆理论中基于球形、柱形理论模型基础上的有效扩散半径计算公式。但遗憾的是,这些公式仅适用于牛顿体,而无机固化泡沫是宾汉流体,属于非牛顿流体,对上述公式并不适用。因此,本书对无机固化泡沫流体在多孔介质裂隙通道中的扩散情况进行理论推导。由于无机固化泡沫流体在裂隙通道中运动情况复杂,假定到达某位置的单位质量泡沫流体其运动过程是以一个单位整体运动,且沿着一条通道裂隙运动,为此可以借鉴宾汉流体在圆管中的渗流公式推导思想,如图 6-19 所示。

设裂隙半径为 r_0,在裂隙中心线位置上取一个泡沫流体柱单元,其长度为 dl,半径为 r,单位泡沫流体柱 dl 两端压力分别为 $p + dp$ 和 p,所受压差为 dp,单位泡沫

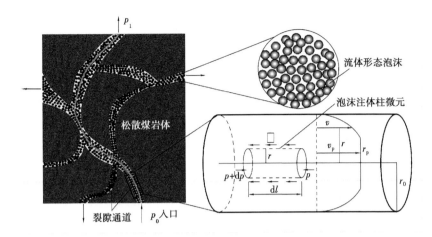

图 6-19　单位泡沫流体柱在裂隙通道中流动示意

流体柱四周表面所受方向向左与流速方向相反的剪切应力为 τ。因此,得到改泡沫流体柱的流动受力平衡方程为:

$$\pi r^2 \mathrm{d}p = -2\pi r\tau \mathrm{d}l \qquad (6\text{-}2)$$

将上式变形可得:

$$\tau = \frac{r}{2}\frac{\mathrm{d}p}{\mathrm{d}l} \qquad (6\text{-}3)$$

由式(6-3)可得,剪切应力 τ 与裂隙通道的内径向距离成正比。因此,在裂隙通道中心线附近的剪切应力 τ 很小。而对于泡沫流体柱,当 $\tau \leqslant \tau_s$ 时,泡沫流体柱就不受剪切作用,即在裂隙通道内存在一个径向距离 r_p。在 $0 \leqslant r \leqslant r_p$ 处,泡沫流体柱相对于领层流体是静止的,整个泡沫流体呈活塞式整体运动,此时运动速度 $v = v_p$;而在 $r_p \leqslant r \leqslant r_0$ 处,泡沫流体柱相对于邻层流体处于运动状态。由式(6-3)可得:

$$r_p = \frac{-2\tau_s \mathrm{d}l}{\mathrm{d}p} \qquad (6\text{-}4)$$

同时,宾汉流体浆液的基本流变方程为:

$$\tau = \tau_s + \mu_p \gamma \qquad (6\text{-}5)$$

式中　μ_p——泡沫流体的黏度;

　　　γ——剪切速率。

由式(6-3)、式(6-5)联立可得:

$$\gamma = -\frac{\mathrm{d}v}{\mathrm{d}r} = \frac{\tau - \tau_s}{\mu_p} = \frac{1}{\mu_p}\left(\frac{r}{2}\frac{\mathrm{d}p}{\mathrm{d}l} + \tau_s\right) \qquad (6\text{-}6)$$

考虑边界条件 $r = r_0$、$v = 0$ 时,对方程两边积分可得:

$$\int_v^0 \mathrm{d}v = \int_r^0 \left[\frac{1}{\mu_p}\left(\frac{r}{2}\frac{\mathrm{d}p}{\mathrm{d}l} + \tau_s\right)\right]\mathrm{d}r \Rightarrow v = -\frac{1}{\mu_p}\left[\frac{1}{4}\frac{\mathrm{d}p}{\mathrm{d}l}(r_0^2 - r^2) + \tau_s(r_0 - r)\right] \qquad (6\text{-}7)$$

当 $0 \leqslant r \leqslant r_p$ 时

$$v_p = -\frac{1}{\mu_p}\left[\frac{1}{4}\frac{dp}{dl}(r_0^2 - r_p^2) + \tau_s(r_0 - r_p)\right] \tag{6-8}$$

因此，通过半径为 r_0 的裂隙通道的单位时间流量 Q_1 为通过剪切区和活塞区域之和，即：

$$\begin{aligned}
Q_1 &= \pi r_p^2 v_p + \int_{r_p}^{0} 2\pi r v\, dv \\
&= -\frac{4\pi \tau_s^2}{\left(\frac{dp}{dl}\right)^2}\frac{1}{\mu_p}\left[\frac{1}{4}\frac{dp}{dl}(r_0^2 - r_p^2) + \tau_s(r_0 - r_p)\right] + \\
&\quad \int_{r_p}^{0} 2\pi \frac{r}{\mu_p}\left[\frac{1}{4}\frac{dp}{dl}r_0^2 + \tau_s r_0 - \frac{1}{4}\frac{dp}{dl}r_p^2 - \tau_s r_p\right] dr \\
&= \frac{2}{3}\frac{\pi \tau_s^4}{\mu_p\left(\frac{dp}{dl}\right)} - \frac{\pi \tau_s r_0^3}{3\mu_p} - \frac{\pi \tau_s r_0^4}{8\mu_p}\frac{dp}{dl}
\end{aligned} \tag{6-9}$$

裂隙通道截面平均流速为：

$$\bar{v} = \frac{Q_1}{\pi r_0^2} = \frac{r^2}{8\mu_p}\left(-\frac{dp}{dl}\right)\left[1 - \frac{4}{3}\left(\frac{2\tau_s/r_0}{-dp/dl}\right) + \frac{1}{3}\left(\frac{2\tau_s/r_0}{-dp/dl}\right)^4\right] \tag{6-10}$$

如果使裂隙通道中流量为 0，则式(6-10)中方括号内必须为 0，可解得：

$$-\frac{dp}{dl} = \frac{2\tau_s}{r_0} = \lambda \tag{6-11}$$

上式即为裂隙通道内泡沫流体的启动压力梯度。

考虑到渗流速度 $v = \varphi \bar{v}$，并令：

$$\begin{cases} K = \dfrac{\varphi r_0^2}{8\mu} \\[2mm] \beta = \dfrac{\mu_p}{\mu} \end{cases} \tag{6-12}$$

式中　K——渗透系数；

　　　φ——多孔介质孔隙率；

　　　μ——水的黏度；

　　　β——泡沫流体的黏度与水的黏度的比值；

　　　μ_p——泡沫流体的黏度。

将式(6-11)、式(6-12)代入式(6-10)可得：

$$v = \frac{K}{\beta}\left(-\frac{dp}{dl}\right)\left[1 - \frac{4}{3}\left(\frac{\lambda}{-dp/dl}\right) + \frac{1}{3}\left(\frac{\lambda}{-dp/dl}\right)^4\right] \tag{6-13}$$

式中　λ——2 倍静切力与裂隙通道孔径的比值。

对泡沫流体在煤柱及周边裂隙区域的渗流提出如下假设：①煤柱及周边裂隙区

域为均质和各向同性的;②泡沫流体属于宾汉流体;③泡沫流体的扩散形式为球形扩散。

在泡沫流体注入过程中,注入量 Q 满足:

$$Q = vAt \tag{6-14}$$

式中 A——泡沫流体渗流过程中经过的任一球面,$A = 4\pi l^2$;

　　　v——注浆速度;

　　　t——注浆时间。

由于在灌注泡沫流体过程中,$-\mathrm{d}p/\mathrm{d}l$ 要比 λ 大得多,因而式(6-13)可简化为:

$$v = \frac{K}{\beta}\left(-\frac{\mathrm{d}p}{\mathrm{d}l}\right)\left[1 - \frac{4}{3}\left(\frac{\lambda}{-\mathrm{d}p/\mathrm{d}l}\right)\right] \tag{6-15}$$

联立式(6-14)、式(6-15)并积分,可得:

$$p = \frac{QB}{4\pi tKl} - \frac{4}{3}\lambda l + C \tag{6-16}$$

考虑泡沫流体注入时的边界条件:当 $p = p_0$ 时,$l = l_0$,其中 p_0 为注浆口压力,l_0 为注浆管半径;当 $p = p_1$ 时,$l = l_1$,其中 p_1 为裂隙通道内压力,l_1 为注入时间为 t 时泡沫流体的扩散距离。因此,有:

$$p_0 = \frac{QB}{4\pi tKl_0} - \frac{4}{3}\lambda l_0 + C \tag{6-17}$$

$$p_1 = \frac{QB}{4\pi tKl_1} - \frac{4}{3}\lambda l_1 + C \tag{6-18}$$

将式(6-17)与式(6-18)相减,并将 $Q = \frac{4}{3}\pi l_1^3 \varphi$ 代入,可得泡沫流体在煤柱及周边裂隙中渗流时有效扩散半径的计算公式:

$$\Delta p = \frac{\varphi\beta}{3tKl_0}l_1^3 - \frac{\varphi\beta}{3tK}l_1^2 + \frac{4}{3}\lambda l_1 - \frac{4}{3}\lambda l_0 \tag{6-19}$$

式中 Δp——裂隙通道两监测点的渗流压力差;

　　　φ——孔隙率,模型中煤柱区域孔隙值为 0.15,周边裂隙区域取值为 0.35;

　　　t——灌注泡沫流体时间,s;

　　　l_0——注浆口半径,试验系统中尺寸为 15 mm;

　　　l_1——渗流距离,mm。

开展渗流试验时,室内环境温度为 10 ℃,查阅水的黏度表,可得该温度下流体的黏度为 1.307 7 MPa·s。选用 NDJ-5S 旋转式数显黏度计(图 6-20)来测量泡沫流体的黏度,并根据无机固化泡沫流体黏度值估计,设定转子号为 2,转子转速为 6。得到黏度随时间的变化如图 6-21 所示。

对图 6-21 中黏度随时间变化趋势进行拟合,得到拟合函数式为:

$$\mu = ae^{bt} + c \tag{6-20}$$

图 6-20 NDJ-5S 旋转式数显黏度计系统

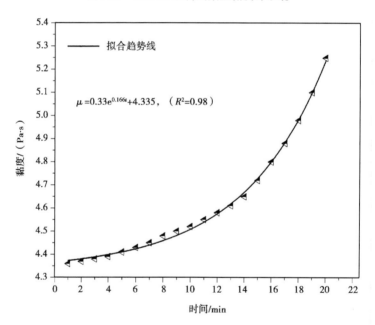

图 6-21 泡沫流体黏度随时间变化曲线

式中：$a = 0.033$；$b = 0.166$；$c = 4.335$；相关系数 $R^2 = 0.98$。

为此，可以得出泡沫流体的黏度与水的黏度的比值 β，即：

$$\beta = \frac{\mu_p}{\mu} = \frac{ae^{bt} + c}{\mu} = \frac{0.033e^{0.166t} + 4.335}{1.3077 \times 10^{-3}} \tag{6-21}$$

由图 6-13 和图 6-14 可得，泡沫流体流经 $1^{\#} \sim 10^{\#}$ 监测点的平均渗流压力和渗流扩散到各个监测点所需的时间见表 6-3。

表6-3 监测点渗流压力和扩散时间

监测点	1#	2#	3#	4#	5#	6#	7#	8#	9#	10#
平均渗流压力/kPa	16.47	13.13	14.97	14.36	10.05	11.94	10.72	5.52	7.63	5.98
渗流扩散时间/s	0	160	120	144	382	324	364	734	644	712
与1#点间压差/kPa	0	3.24	1.5	2.01	6.32	4.53	5.65	10.85	8.74	10.39
泡沫流体的黏度/(Pa·s)	4.360	4.370	4.360	4.365	4.451	4.448	4.454	4.557	4.523	4.548
渗流距离/mm	0	255	250	255	510	500	510	776	750	776
孔隙率/%	35	15	35	35	15	35	35	15	35	35

由泡沫流渗流有效扩散距离计算式(6-19)及中可得3#和6#监测点压差、时间和扩散距离的关系如式6-22所示。

$$
\begin{cases}
\Delta p_{13} = \dfrac{\varphi_3 \beta_3}{3t_3 K l_0} l_{13}^3 - \dfrac{\varphi_3 \beta_3}{3t_3 K} l_{13}^2 + \dfrac{4}{3}\lambda l_{13} - \dfrac{4}{3}\lambda l_0 \\
\Delta p_{16} = \dfrac{\varphi_6 \beta_6}{3t_6 K l_0} l_{16}^3 - \dfrac{\varphi_6 \beta_6}{3t_6 K} l_{16}^2 + \dfrac{4}{3}\lambda l_{16} - \dfrac{4}{3}\lambda l_0
\end{cases}
\tag{6-22}
$$

将表6-3中3#、6#监测点对应有关参数代入式(6-22),得:

$$
\begin{cases}
1\ 500 = \dfrac{1.366\ 5}{K} + 0.313\ 3\lambda \\
4\ 530 = \dfrac{9.837\ 7}{K} + 0.646\ 7\lambda
\end{cases}
\Rightarrow
\begin{cases}
K = 4.894 \times 10^{-3}\ (\text{m/s}) \\
\lambda = 3.897 \times 10^{3}\ (\text{Pa/m})
\end{cases}
\tag{6-23}
$$

为了进一步修正泡沫流体有效扩散距离计算公式的准确性,将剩余的2#、4#、5#、7#、8#、9#、10#监测点的扩散时间和渗流距离代入计算出公式,与试验测试值进行比较,结果见表6-4。

表6-4 渗流压差公式预测值与试验结果比较

监测点	2#	4#	5#	7#	8#	9#	10#
公式预测值/kPa	2.94	1.92	6.05	5.29	9.93	7.96	9.51
试验结果/kPa	3.24	2.01	6.32	5.65	10.85	8.74	10.39
相对误差/%	9.25	4.48	4.27	6.37	8.47	8.92	8.46

由表6-4可得,渗流压差公式预测值与试验结果总体上相符合,预测结果均偏小于试验值。这主要是由于泡沫流体冲击微型土压力计,使其在裂隙通道中发生微小的移动,造成后续监测数据可能存在一定的误差,但是所有监测点的相对误差都控制在10%以内,说明预测公式是合理的。因此,泡沫流体在裂隙通道中渗流扩散距

离与渗流压差、扩散时间之间的关系式为：

$$\Delta p = \frac{\varphi \dfrac{ae^{bt}+c}{\mu}}{3tKl_0}l^3 - \frac{\varphi \dfrac{ae^{bt}+c}{\mu}}{3tK}l^2 + \frac{4}{3}\lambda l - \frac{4}{3}\lambda l_0 \tag{6-24}$$

6.5 隐蔽高温火源点降温特性

如图 6-22 所示，在实验室引燃蜂窝煤块后，将其埋入煤矸石堆中，在蜂窝煤底部、中间、表面各布置一个热电偶(T_1，T_2，T_3)。通过向试验模型中灌注无机固化泡沫流体，监测泡沫流体渗流到蜂窝煤高温点后温度的变化，如图 6-23 所示。

图 6-22　高温火源点及热电偶布置

由图 6-23 可知，经过灌注渗流试验后，整个裂隙模型中充满了无机固化泡沫流体。研究表明，泡沫流体能够很好地渗透到预先设置的蜂窝煤高温火源点区域，进行冷热交换；同时还能够很好地隔离新鲜氧气与高温煤体接触，阻止高温火源点及其附近可自燃煤体进一步氧化升温。进一步分析图 6-23 可得，在 10 min 以前，高温火源点上部(T_3)和中部(T_2)呈现相同的变化规律，温度缓慢下降，上部(T_3)温度从448 ℃下降到402 ℃，中部(T_2)温度从 580 ℃下降到 531.5 ℃。而底部(T_1)温度反而呈现增加的趋势，从 103 ℃增加到 142.8 ℃，这可能是高温火源点上部和下部由于监测点接触到蜂窝煤，而埋设后蜂窝煤与周边煤岩体接触后进行热量、冷量交换，温度降低，而下部受高温火源点中源源不断地向其辐射、传导热量，温度逐渐增高。上部、中部和底部的温升、温降斜率均较小，结合 6.4 节渗流压力监测点的数据分析，可以判定此时无机固化泡沫流体还没有渗流到高温火源点区域对其直接进行覆盖降温,只是在 X 方向上对新鲜氧气供给进行了阻隔,这时的降温主要是由于高温火源点自身与周边低温煤岩体进行热量传导与交换。大约 10 min 以后,高温火源点底部、中部、上部同时开始急剧降温,这时无机固化泡沫流体渗流到该区域与其之间进行直接覆盖降温,底部温度在 24 min 左右从 142.8 ℃ 降至 47.1 ℃,上部温度在 32 min 左右从 402 ℃ 降至 43.6 ℃,中部温度在 35 min 左右从 531.5 ℃ 降至 60.6 ℃。整个实验温度监测时间为 60 min,后续温度也保持平稳降低,并未出现温度反弹,说明无机固化泡沫流体前期能够有效隔离氧气、减缓煤自燃速度,接触后能够覆盖迅速降温。后期泡沫流体在裂隙通道中凝结后不开裂,能够持续对漏风通道进行封堵。

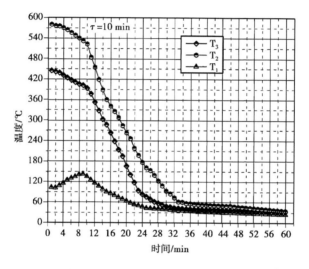

图 6-23　高温点底部、中间、上部(T_1,T_2,T_3)温度变化

6.6　无机固化泡沫堵漏隔风效果分析

如前所述,试验平台底板上留有泄漏口。在实验过程中,为了更好地反映无机固化泡沫的堵漏风效果,首先进行泄漏口胶带密封、单纯松散煤岩体、稠化浆体覆盖 20 mm 厚度、无机固化泡沫流体覆盖 20 mm 厚度的 4 组堵漏风对比试验,如图 6-24 所示。采用真空泵抽取真空腔内空气,监测真空压力表数值随时间的变化情况。为了更好地反映堵漏材料对裂隙封堵的稳定性,整个试验进行 300 min,如图 6-25 所示。

由图 6-24 可知,在 4 组堵漏风对比试验中,除了煤岩体能够看到明显的裂隙通道外,其余 3 组堵漏密封方式都能很好地对漏风进行封堵。从图 6-25 的监测数据可得,

图 6-24　四组堵漏风对比试验

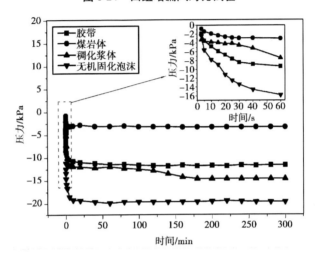

图 6-25　4 组堵漏风对比试验真空压力随时间变化

试验初始 1 min 内,真空压力持续增加。从右上方 0~60 s 内负压变化放大图中得到,无机固化泡沫负压速率变化最快,从 -2.4 kPa 降低至 -15.8 kPa;单纯煤岩体不能起到很好的堵漏作用,负压基本不增加,最大负压值为 -3 kPa;稠化浆体和胶带密封也能够起到很好的堵漏效果,最大负压能分别达到 -7.4 kPa 和 -9.4 kPa。从长期 300 min 堵漏效果来看,同样也是无机固化泡沫具有持续最大的负压,为 -19.6 kPa;稠化浆体和胶带密封次之,最大负压分别为 -14.6 kPa 和 -11.6 kPa。初期负压变化很快,这主要是因为原有真空测试腔体中含有空气,在抽气泵作用和上表面泄漏口封堵情况下能够迅速形成负压。后期无机固化泡沫较稠化浆体有更大的持续负压可能是因为泡沫流体比稠化浆体具有更好的裂隙渗透能力,在真空腔室内外压差作用下,泡沫流体更易渗透到煤岩体裂隙中与其凝结在一起,使整体更加致密,而稠化浆体的黏度更大且随着时间整个体系开始凝胶化,裂隙渗流能力低于泡沫流体。

　　为了对现场无机固化泡沫渗流覆盖堵漏风施工提供技术参数,在上述 20 mm 喷注厚度的基础上,增加其喷注厚度,研究喷注厚度对堵漏效果的影响。本研究后续开展了 40 mm、60 mm、80 mm 三个不同喷注厚度堵漏试验,监测得到其对应的最大负压,分别为 -20.2 kPa、-24.0 kPa 和 -24.2 kPa。由此可知,随着喷注厚度增加,泡沫流体产生持续最大负压增加,当喷注厚度超过 60 mm 以上时,其增幅却不明显。因此,对松散煤岩体进行堵漏风施工作业而言,喷注厚度为 60 mm 是较理想和经济的技术参数。图 6-26 为喷注过程中新鲜无机固化泡沫流体与煤岩体凝结效果。可以看出,泡沫流体能够很充分的渗透到松散裂隙中,对裂隙通道进行封堵,对煤岩块进行覆盖和包裹,固化后二者固结为一体,如图 6-27 所示。

图 6-26　新鲜泡沫流体与煤岩体凝结效果　　　图 6-27　固化泡沫与煤颗粒固结接触面

除此之外,无机固化泡沫本身的孔结构特性也是影响堵漏风的关键参数,采用浸水法测定其开孔率,进而根据总孔隙率,计算出其闭孔率,高达 66.89%[201]。如图 6-28 所示,采用扫描电镜对孔壁形貌进行分析。研究表明,固化泡沫由密实的水化产物组成,并且在堵漏风过程中因泡沫喷注后具有一定厚度,很难形成一条贯穿整个泡沫层的裂隙通道,因此固化泡沫具有优越的堵漏风性能。

图 6-28　固化泡沫闭孔形貌分析

6.7　无机固化泡沫高位渗流堆积性

由无机固化泡沫隐蔽高温火源点的降温、堵漏风特性研究可知,其能很好地用于松散介质中煤自燃的防治,但是这两个特性的前提是泡沫流体能够渗流到目标区域附近,对其周围裂隙通道进行堵塞。对于综放开采工作面放顶煤不充分且两道两线留设有顶煤,以及顶板构造、高冒区等情况下,很多高温火源点在采空区的高处部分,因而有必要研究无机固化泡沫在高位裂隙通道中的向上堆积性。采用相似模拟平台,切换喷注口为最下部的 3# 灌入口,距离试验平台底板为 5 cm,松散矸石堆为1/4球体,最大高度为 28 cm,在松散矸石堆中不同空间位置上布置微型土压力计,通过其压力示数变化来反映泡沫流体是否能够向上堆积,封堵高位裂隙,如图6-29 所示。

图 6-29　高位渗流堆积性试验模型

整个试验过程持续到无机固化泡沫流体基本覆盖松散矸石堆高位表面裂隙,试验监测全过程为 900 s,整个向上堆积高位裂隙渗流效果如图6-30 所示。

由图 6-30 可得,在时间为 0 ~ 420 s 时,在 Y-Z 平面上可以清晰地看到,泡沫流体由灌注口附近开始以球形慢慢扩散渗流,并没有像一般水泥浆一样往出现明显往低处渗流。从不同时刻的扩散效果图可以看出,其在 Y 方向的扩散和在 Z 方向的扩散同时进行,且差别不明显。在时间为 60 s 时,Z 方向上已经向上渗流堆积到170 mm 处;在时间为 180 s 时,Z 方向上已经向上渗流堆积到 220 mm 处;在时间为 300 s 时,Z 方向上已经向上渗流堆积到 260 mm;在时间为 420 s 时,Z 方向上已经向上渗流堆积到 280 mm 处,并开始在表面裂隙通道中渗流。从 X-Y 平面看,在时间为 540 s 时,泡沫流体已经在整个 Y-Z 截面内渗流,且开始由上往下对周边裂隙进行渗流封堵;在时间为 900 s 时整个松散煤矸石堆高位裂隙都被泡沫流体充分向上堆积渗流和覆盖。

为了进一步验证泡沫流体的高位堆积性,在松散煤矸石堆中不同高度共布置了

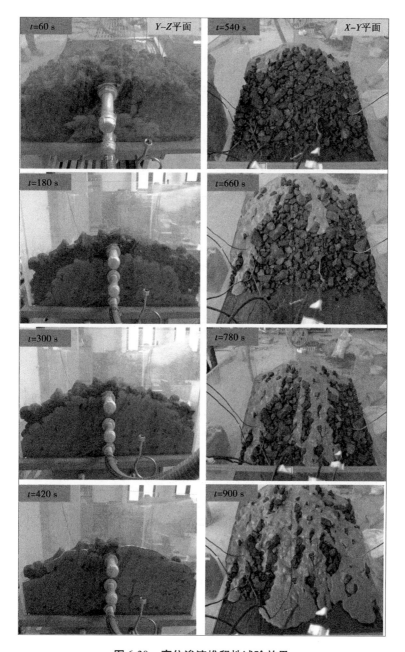

图 6-30 高位渗流堆积性试验效果

8 个微型土压力计,坐标轴及原点设置如6.1.3 节所述,各监测点坐标如表6-5 所列。在试验过程中,以各监测点初次产生有效数据的时刻作为泡沫流体首次经过该位置时刻,各监测点初次采集到有效渗流压力的时间及渗流压力值如表6-6 所列。

表 6-5   高位渗流堆积性试验监测点布置坐标值

监测点名称	X/mm	Y/mm	Z/mm
微型土压力计 1#	400	400	0
微型土压力计 2#	400	−400	50
微型土压力计 3#	300	300	100
微型土压力计 4#	300	−300	150
微型土压力计 5#	200	200	200
微型土压力计 6#	200	−200	200
微型土压力计 7#	100	100	250
微型土压力计 8#	100	−100	250
灌注口	0	0	50

表 6-6   监测点初次采集到有效渗流压力时刻及压力值

监测点名称	时间/s	渗流压力值/kPa
微型土压力计 1#	552	10.2
微型土压力计 2#	560	9.8
微型土压力计 3#	244	12.0
微型土压力计 4#	258	11.8
微型土压力计 5#	156	13.2
微型土压力计 6#	164	12.8
微型土压力计 7#	324	11.6
微型土压力计 8#	330	11.4

从表 6-6 中可以看出,最早监测到渗流压力的并不是与灌注口处于同一高度的 2#监测点,也不是处于灌注口高度以下的 1#低位监测点,而是处于灌注口以上 Z 方向上高度为 200 mm 的 5#监测点。这说明泡沫流体在初始压头作用下能够向上堆积,在整个松散矸石堆空间的扩散渗流,在 X、Y、Z 三个方向都具有一定的扩散速度矢量,其到达监测点用时长短主要由其与监测点之间的渗流扩散距离、裂隙通道宽度、裂隙渗流方向三者共同决定,与普通水泥浆液的区别在于其能克服竖向上难以向高位裂隙渗流的缺点。这是因为泡沫流体以泡沫体为骨架单元,液膜中自由水含量较少,泡沫单元之间相互桥接,其运移过程始终保持一个整体;而水泥浆液由水分、颗粒两相组成,在运移过程中颗粒、水分之间受到裂隙阻力后极易发生相分离,固相颗粒会在裂隙通道中截留,而水分会继续灌注压头和重力作用下在裂隙通道中向前运移,当灌注压头损失较多时,其受重力作用会向下部发生明显的裂隙渗透,这就是煤矿现场在采空区中灌注黄泥、粉煤灰、水泥浆液经常出现拉沟现象。

7 无机固化泡沫应用研究

无机固化泡沫是一种粉煤灰、水泥基泡沫体材料。在新鲜状态下(泡沫呈流体状态),它具有泵送性良好、裂隙渗流能力强、泡沫流体易堆积、覆盖煤体降温效果好等优点;凝结固化后,能够形成具有一定抗压强度的多孔(闭孔)材料,具有优越的堵漏隔氧、隔热、充填能力。无机固化泡沫适用于矿井下存在漏网通道并容易发生煤自燃的区域,如采空区、压碎小煤柱、开切眼、停采线、地质构造带、巷道高冒区等地点。本章介绍了无机固化泡沫材料应用于封堵加固隔离小煤柱的防治煤炭自燃应用研究。

7.1 矿井概况

山东鲁泰煤业有限公司鹿洼煤矿于 2000 年 4 月 28 日建成投产,设计生产能力 60 万 t/a,核定生产能力 120 万 t/a。鹿洼煤矿位于济宁市鱼台县张黄镇境内,矿井南距鱼台县约 14 km,北距济宁市约 40 km。地面标高 +33.30 ~ +35.34 m。矿井采用立井~暗斜井开拓方式,分水平上下山开采。井底车场辅助水平标高 −350 m,第一生产水平标高 −450 m,开采 $3_上$、$3_下$、$12_下$、16、17 煤层;采煤方法为走向(倾斜)长壁后退式,采煤工艺为综采(放)和高档普采。全矿井划分为 5 个采区,矿井现生产水平为第一生产水平(−450 m 水平),生产采区为一、二采区,准备采区为四采区,开拓采区为三采区。矿井现有 2 个采煤工作面,1 个备用面,7 个掘进工作面。$3_上$ 煤层平均厚度 2.28 m,顶板主要为泥岩,次为砂岩、底板为泥岩。$3_下$ 煤层平均厚度为 3.59 m,3 煤层平均厚度为 9.14 m,$3_下$ 煤层顶板在 7 线以南由泥岩组成,7 线以北由砂岩组成,底板主要为泥岩。矿井通风方式为中央并列式,通风方法为抽出式,副井进风,主井回风。地面安装 2 台 FBCD No.25 型对旋轴流式主通风机,一台运行,另一台备用。

井田内共含煤 23 层,$3_上$煤、$3_下$煤、$12_下$煤、16 煤、17 煤等 5 层煤为可采或局部可采煤层,平均开采厚度 10.46 m,可采煤层含煤系数 4.5%。各煤层的瓦斯含量均较低,矿井为低瓦斯矿井,但 CH_4 含量变化较大,并且不稳定。井田内各煤层煤尘测定结果显示:山西组煤层火焰长度和岩粉量较小,但变化较大;太原组煤层火焰长度和岩粉量较大,变化较小。根据可燃基挥发分计算得到煤尘爆炸指数均大于 0.35,故井田内各煤层均属于有煤尘爆炸性危险的煤层。山东煤田地质局山东煤炭质量检测中心的检测分析报告和抚顺煤科院测得的数据,该煤层被定为有可能自然发火倾向的煤层,自燃倾向性分类等级为 Ⅱ 类,为自燃煤层,发火期为 3~6 个月。测试结果分别见表 7-1 和表 7-2。

表 7-1   煤自然发火倾向检测分析结果

煤层	水分/%	灰分/%	挥发分/%	全硫/%	相对密度	吸氧量	自燃倾向性分类等级
$3_上$煤	1.22	13.05	37.33	1.05	1.40	0.6	Ⅱ类
$3(3_下)$煤	1.21	14.22	33.90	1.09	1.44	0.6	Ⅱ类

表 7-2   煤自然发火倾向统计表

煤层	原煤样温度/℃	氧化后煤样温度/℃	还原后煤样温度/℃	ΔT/℃	自燃等级	氧化程度/%
$3_上$煤	343~361	332~352	351~366	9~20	3~4级	11.1~40.00
	350(6)	340(6)	353(6)	14(6)	4(6)级	27.48(6)
$3(3_下)$煤	344~359	331~351	349~364	6~20	3~4级	25~83.33
	350(12)	343(12)	355(12)	12(11)	4(12)级	46.83(12)

7.2   隔离小煤柱漏风分析

4301(1)工作面和 4303(1)工作面平面布置如图 7-1 所示。鹿洼煤矿 4301(1)工作面附近区域由于受到断层构造影响,形成瓦斯富集区域。工作面回采后采空区内仍然积聚大量瓦斯,且下分层瓦斯经过长时间解析释放,在上覆采空区内扩散、运移。该工作面于 2012 年 1 月份回采完毕,采空区密闭 2 年内曾出现过乙烷异常,高达 $1\,000\times10^{-6}$。通过对密闭 2 年后采空区内气体取样分析及密闭内外压差变化进行统计,得出密闭内外压差一般在 $+500\sim-400$ Pa 之间,取样分析结果中氧气浓度一般在 8% 左右。但是,当邻近 4303(1)工作面运输巷进行沿空掘进,已密闭的 4301(1)采空区氧气浓度则长时间保持在 15.5% 左右,上、下平巷两道密闭的内外压差分别为 $-40\sim+60$ Pa 和 $-30\sim+45$ Pa。沿空掘巷作业使得两邻近工作面之间只留下 5 m 宽的煤柱,密闭内外压差明显降低,表明隔离小煤柱由于受力集中已经被压裂,即使对煤柱进行支护和喷浆后仍然存在漏风裂隙。当工作面回采后,煤柱区域应力进一步集中,小煤柱进一步被压裂(图 7-2)。此时,受矿压和风流压差共同作用,4303(1)工作面及采空区和 4301(1)采空区之间互相漏风,4301(1)采空区内高浓度瓦斯会不规律地涌向 4303(1)工作面和采空区;同时从 4303(1)侧漏入的风流为4301(1)的遗煤提供了很好的供氧条件,加剧煤低温氧化,如果处理不当,该区域很可能会出现瓦斯和煤自燃复合灾害。为此,有必要开展两个采空区之间沿空侧破碎煤柱堵漏技术研究,预防瓦斯与煤自燃灾害发生。

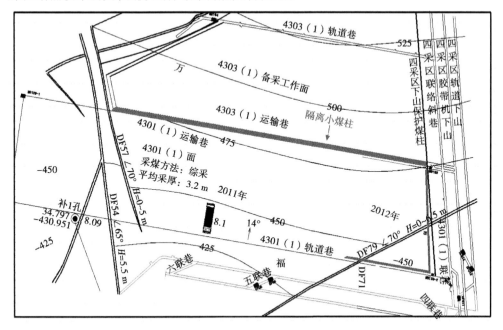

图 7-1　两邻近工作面平面布置图

图 7-2　开采应力集中导致煤柱压碎

7.3　煤柱及周边采空区裂隙封堵技术方案

在回采过程中,可以根据回采过程中隅角及回风巷道的瓦斯涌出浓度情况进行适时堵漏,对治理瓦斯具有针对性和经济性。回风隅角充填堵漏属于沿着煤柱裂隙压注封堵,实际上是对采后煤柱压碎后的裂隙及 4303 附近(1)采空区回风隅角度处裂隙、空硐进行封堵、充填,从而抑制瓦斯从 4301(1)采空区涌入开采工作面,每次喷注的用量根据煤柱压碎情况及采后煤帮、顶板垮落情况确定。

(1)考虑到开切眼处煤柱长时间处于应力集中状态可能导致煤柱破碎严重,同时回采后该区域容易悬顶,造成顶板难以垮落,形成的工作面回风隅角后方空硐体积大,采后隅角充填堵漏材料用量大等问题。为此,可根据现场情况在开切眼处往4301(1)采空区施工钻孔,结合固化泡沫流体在采空区裂隙中的扩散半径每间隔 10 m 施工 2 个钻孔,每个钻孔喷注 10 m³ 固化泡沫,这样能对 20 m 左右煤柱及附近采空区裂隙进行有效封堵、加固。

(2)回采过程中在回风隅角及往采空区方向 5 m 深处,布置 2 个指标气体(瓦斯、CO)浓度监测点,进行实时监测,每班记录 1 个平均值(C_{CH_4},C_{CO}),设定瓦斯及 CO 浓度安全临界值,拟定分别为 1.2% 和 35×10⁻⁶。

(3)若在回采过程中瓦斯及 CO 浓度前后两次记录值增幅(C_{CH_4},C_{CO})呈现指数上升趋势,逼近于安全临界值时,进行一次回风隅角及附近煤柱空洞、裂隙加固,待指标气体下降且稳定后停止作业。

(4)若回采过程中,经常出现回风隅角指标气体超安全临界值,则在回采过程中,每隔 30 m 往隅角喷注一次固化泡沫,每次用量预计是在 20 m³ 左右。根据指标气体浓度值变化及时停止作业,具体布置工艺如图 7-3 所示。

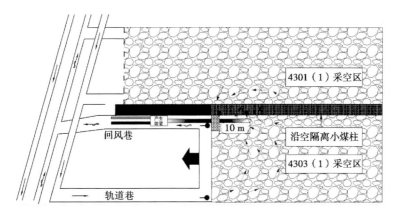

图 7-3　现场施工布置图

7.4　无机固化泡沫应用工艺及技术参数

1)现场固化泡沫产生系统

现场固化泡沫产生系统由以下部分组成:采用自行研制的"ISF-8 型无机固化泡沫产生装置",设备尺寸为 1.7 m(长)×0.9 m(宽)×1.2 m(高),设备需要接一路 660 V 三相电源,同时设备需要压送的风量为282 m^3/h,风压为 0.8 MPa;复合浆体搅拌装置:尺寸为 1.6 m(长)×0.75 m(宽)×1.2 m(高),设备需要接一路 660 V 三相电源;发泡剂稀释液储液筒 2 个,交替备用。供风系统设备采用矿上压风供给系统。

图 7-4　现场应用无机固化泡沫产生系统

2）原材料

现场应用过程中的原材料主要有 425# 或者 325# 普通硅酸盐水泥；粉煤灰取自鹿洼煤矿附近，鲁泰煤业公司金威煤电公司热电厂烧过的飞灰；发泡剂是自行研制的复合表面活性剂，见第 3 章水基泡沫制备部分；促凝剂自行煅烧研制，见第 3 章促凝剂制备部分。井下所用原材料如图 7-5 所示。

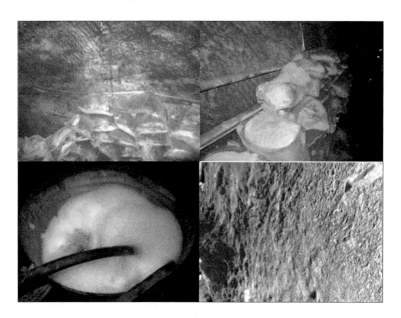

图 7-5　现场应用原材料

3）现场施工方法

（1）向采空区中埋入一趟 2 in(1 in = 2.54 cm) 管路，埋入深度为 10 m（图 7-6）；考虑到喷注泡沫过程中泡沫流体可能会流向工作面一侧，先用矸石装袋，在回风隅角处堆积，堆积高度约 1 m，大约需要 10 袋。

（2）系统连接：将固化泡沫生产设备接电，接风；搅拌机接电，搅拌机泥浆出口与固化泡沫生产设备混合器入口连接。将发泡剂稀释 70 倍后，放置在容积为 0.4 L 的储液筒中，打开压风和气动隔膜泵观察两相泡沫产生效果（图 7-7）。

（3）制浆：准备工作结束后，注浆前先进行设备试运转，发现问题及时处理。试运转结束，便可进行制浆、注浆。制浆时，先向搅拌机灌注一定量的清水，开动搅拌机，根据水量，按 0.4 的水灰比向搅拌桶，加入定量的 40% 粉煤灰和 60% 425# 或者 325# 普通硅酸盐水泥（必须先加入水，再加入水泥），搅拌均匀后，打开搅拌桶出浆口阀门，启动注浆泵向混合器内送浆。

(4)喷注固化泡沫:连接好混合器出口高压软管与预埋钢管后开始注浆,注浆工作压力保持在0.8~1 MPa。待固化泡沫流体充满隅角后停止注浆液,每次注入浆液约为15 m³,注浆时间约2 h,结束后用清水清洗管路和设备。

 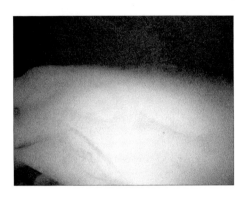

图 7-6　无机固化泡沫输送管路　　　　　图 7-7　井下应用水基泡沫效果

4)主要技术参数

无机固化泡沫流体压注后成流体状态进行裂隙封堵、氧气隔绝,凝结固化后成一定强度的孔结构材料,其对于煤矿现场应用领域主要技术参数见表7-3。

表 7-3　无机固化泡沫堵漏材料性能参数

项目名称	参 数
稳定系数	95%
发泡倍数	5~7 倍
凝结(失去流动性)时间,LFT	10~30 min
泡沫流体密度	465~825 kg/m³
固化干密度	250~400 kg/m³
抗压强度	0.72~1.6 MPa
有效导热系数	0.0 415~0.083 W/(m·K)
闭孔率	66.89%
伸缩性	硬质材料、不伸缩

7.5 无机固化泡沫应用效果

无机固化泡沫流体注入煤柱及其周边采空区裂隙中,其所起到的作用主要如下:

第一,泡沫流体对细小裂隙的渗透能力强,能够很好地对压碎煤柱小裂隙进行封堵,消除了邻近两个采空区之间互为漏风的问题。

第二,泡沫流体能够对煤柱内部可能存在的隐蔽高温点进行渗流覆盖、隔氧、降温,防止隐蔽高温火源点进一步蓄热;同时,无论泡沫处于流体状态还是固化成型状态,它都属于无机泡孔材料。泡沫材料本身具有很低的导热系数和良好的隔热作用,因此该材料可以有效阻断隐蔽高温火源点温度的蔓延,起到对周边浮煤蓄热升温、自燃的防治作用。

第三,无机固化泡沫流体凝结固化后,随着时间的增长,其基材水化反应更加充分,强度增大,能够固结松散煤岩体,对采动应力起到承接作用,可有效防治压碎煤柱二次变形,进而对裂隙通道进行长时间充填加固作用。

因此,为了在现场应用过程中更好地体现无机固化泡沫的固有特性,研究人员在现场进行了针对性的固有特性效果监测试验,主要监测的指标有裂隙充填加固性能、堵漏隔风性能及抑制煤自燃指标气体。

7.5.1 裂隙充填加固效果

1)钻孔应力计布置及安装

在埋设压注固化泡沫流体管路时,在其出口位置附近,事先往煤柱方向施工两个钻孔,分别为 1# 和 2#,两个钻孔的开孔位置间隔 1 m,钻孔施工长度分为 2.5 m 和 1 m,施工角度为水平,钻孔离巷道底板高度为 1 m,成孔后往里埋设应力传感器。具体钻孔布置如图 7-8 所示;井下施工钻孔如图 7-9 所示。

钻孔应力计系统连接(图 7-10)的操作步骤为:

(1)先将 GYW25 传感器中的海绵浸满油,同时用高压油管和 U 形卡将手动泵和油压枕的注油接口连接好。

(2)打开截止阀,关闭换向阀并打压,待测压接口溢出油后,暂停打压。

(3)用 U 形卡将 GYW25 传感器和测压接口连接好。

(4)继续打压,待压力显示为 3~5 MPa 后,打开换向阀使油回流,并重复该操作 3~5 次,尽量将管路中的空气排空。

(5)最后再次打压,待压力显示为 3~5 MPa 后,关闭截止阀,并拆除注油接口上

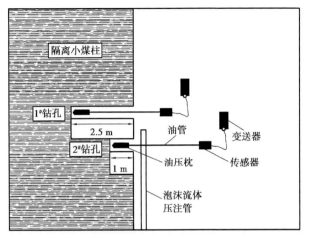

图 7-8 煤柱钻孔应力计布置

 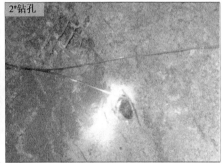

图 7-9 井下煤柱施工钻孔

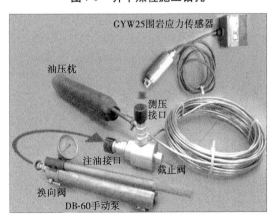

图 7-10 钻孔应力计系统连接

的油管与手动泵,将 GYW25 传感器固定好(图 7-11)。

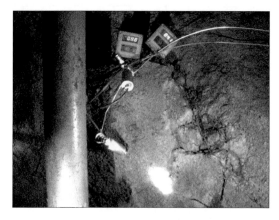

图 7-11　井下传感器固定

2）监测数据分析

工作面计划每天割煤 6 刀,每刀 0.63 m,总进尺 3.78 m,遇特殊地质条件时放慢推进速度。为了有效防治瓦斯和煤自燃复合灾害,于 2015 年 2 月 3 日中班,在离工作面关门柱子 10 m 处预先铺设泡沫流体压注管路,管路沿用 4303(1)工作面运输巷压风管路,管路设置距巷道底板 1 m,挂在煤柱帮上。在管路出口前后各 0.5 m 处施工钻孔并安装钻孔应力计系统,为了便于压注后数据采集,定制油管长 60 m,按安装完成后即进行数据采集,每班次记录 1 次,每天共记录 3 次。2 月 5 日晚班,工作面推进至钻孔和管路出口处,待 2015 年 2 月 7 日晚班压注口进入采空区约 10 m 时,开始在工作面回风隅角埋管压注无机固化泡沫进行煤柱及附近采空区裂隙封堵。整个施工过程共压注入水泥 3 t、粉煤灰 2 t,发泡剂 50 kg,产无机固化泡沫约27 m³,现场应用效果如图 7-12 所示。数据采集总共持续 12 d,如图 7-13 所示。

图 7-12　现场压注泡沫流体效果

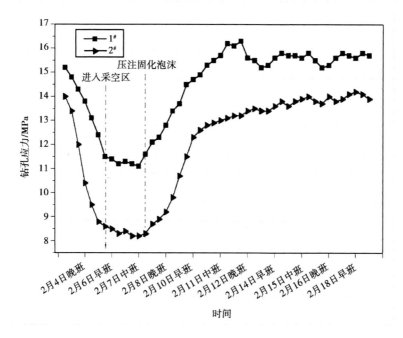

图 7-13　煤柱钻孔应力变化

由图 7-13 可得，1#和 2#钻孔应力值整体变化趋势一致，都呈现先减小后增大的趋势。在工作面推进至钻孔位置处之前（2 月 5 日晚班），两个钻孔应力值随时间都迅速降低，1#钻孔应力从初始 15.2 MPa 降低到 11.5 MPa，2#钻孔应力从初始 14 MPa 降低到 8.6 MPa，这主要是因为钻孔初始布置位置离工作面 10 m。随着工作面推进，煤柱所受应力集中，煤柱进一步被压碎，发生塑性变形，逐渐松散，垂直应力逐渐降低。而 2#钻孔应力值比 1#钻孔下降幅度更大，这主要是煤柱受力变形过程中，两侧比中间更加松散，此时钻孔应力计承受的应力更小。2 月 5 日晚班以后，两个钻孔应力值并未继续下降，表明此时煤柱已经被完全压碎，受力状态达到一个新的平衡。当 2 月 7 日晚班压注无机固化泡沫流体后，其应力值均开始增大，2 月 11 日中班左右分别增大到 15.7 MPa 和 13 MPa，这主要是因为压注入的无机固化泡沫流体在裂隙通道中扩散渗流，当其对钻孔应力计附近裂隙进行封堵、充填后，能固结松散煤岩体，使其成为一个整体，同时随着时间的进行，其本身水化强度增大，抗压能力提升，因此钻孔应力升高。此后随着时间的推移，两个钻孔应力一直维持在 15.5 MPa 和 13 MPa 以上，表明无机固化泡沫流体对煤柱及周边采空区裂隙固结封堵后能够使得煤柱由二向受力状态转化为三向受力状态，增强了煤柱的承载能力。

7.5.2　堵漏隔风效果

为了验证无机固化泡沫封堵裂隙后的堵漏风效果，现场观测 4301（1）密闭采空区运输平巷和回风平巷两道密闭上的 U 形压差计示数变化（图 7-14），并与之前漏风状态下矿上报表记录压差示数进行比较,得到压注前后4301(1)采空区内外压差变化,如图7-15所示。回风隅角及回风巷中瓦斯浓度变化,如图7-16所示。

图7-14　采空区密闭U形压差计

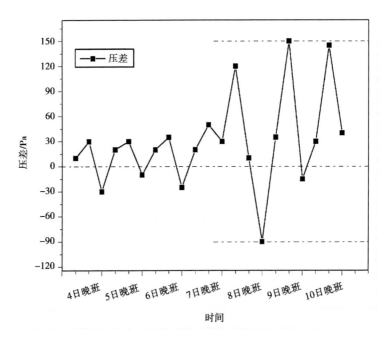

图7-15　压注泡沫流体前后采空区内外压差变化

由图7-15可以看出,无机固化泡沫流体能够很好对煤柱压碎裂隙及采空区松散煤岩裂隙进行封堵,能够很好地固结在裂隙和煤岩表面。图7-15统计了2月4日到2月10日期间密闭4301(1)采空区内外压差变化情况,每天按早、中、晚三班记录数据。由于受到4303(3)工作面风压及采空区温度影响,压注前采空区内外压差会随时间波动,波动范围为-30~+50 Pa,而于2月7日压注无机固化泡沫流体后,采空区内外压差变大,波动明显,基本维持在-100~+150 Pa。由此可见,该材料能够很好地密封裂隙,使得采空区气体压力变化受外界影响变小,其内外压差在一天中随着密闭外气压变化压差变化明显。

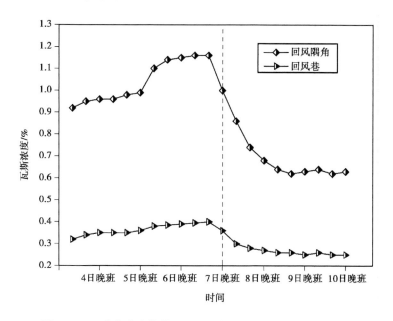

图7-16　压注泡沫流体前后回风隅角及回风巷瓦斯浓度变化

由图7-16可知,灌注无机固化泡沫前,2月4日至7日期间工作面回风隅角瓦斯浓度从0.92%增加缓慢增加到1.16%,均超过临界瓦斯浓度;回风巷道瓦斯浓度基本维持在0.32%~0.4%,这主要是因为随着工作面推进,煤柱被压碎,邻近4301(1)密闭采空区中的高浓度瓦斯在漏风压差的作用下,随着两邻近采空区互相漏风,在4303(1)工作面回风隅角汇合。即使现场采用高压喷雾等方式进行回风隅角瓦斯稀释局部处理,密闭采空区原有的大量瓦斯还会源源不断地涌向4303(1)工作面,但其浓度没有无限的进一步升高,这主要是因为两采空区之间的漏风压差在正、负值之间波动,并且工作面为了解决瓦斯超限问题,已经将原定的配风量从800 m³/min增加到1 200 m³/min。因此,为了从裂隙漏风通道源头对瓦斯进行治理,于2月7日晚班开始向4303(1)工作面回风隅角压注无机固化泡沫。从图7-16中可以看出,压注后回风隅角瓦斯浓度出现明显的下降,2月8日早班就分别下降到0.86%和0.28%。后续监测3 d结果显示,瓦斯浓度一直保持在0.63%和0.25%,说明无机固化泡沫流体压注到回风隅角及煤柱裂隙中,对裂隙通道进行封堵,气密性效果良好,有效地解决了工作面回风隅角瓦斯超限问题。

7.5.3 抑制煤自燃指标气体效果

为了测试无机固化泡沫对抑制煤体自燃的效果,在2月4日至10日期间,每天早、中、晚三班在井下用自动负压采样抽气泵抽取4301(1)密闭采空区气体至球胆中,分析 CO、O_2、CH_4、C_2H_4、C_2H_6、C_2H_2 等气体成分。监测时间内未发现有 C_2H_4、C_2H_6、C_2H_2 等气体,CH_4 浓度基本稳定在75%左右,CO,O_2 气体成分发生明显变化,如图7-17所示,同时,监测回风隅角 CO 浓度变化,如图7-18所示。

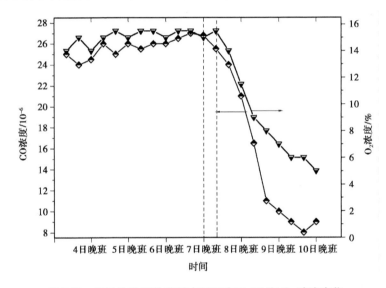

图 7-17 压注泡沫流体前后密闭采空区 CO 和 O_2 浓度变化

由图7-17可知,压注前,4301(1)密闭采空区内的氧气浓度在14%~15.5%,CO浓度从 24×10^{-6} 增加到 27×10^{-6}。此时工作面已经开采了102 m左右,密闭采空区在下分层煤长期处于富氧状态;同时由于密闭内具有较好的蓄热条件,已经开始低温氧化,产生CO,但氧化速度较慢并未大量蓄热升温产生 C_2H_4、C_2H_6 等指标气体。2月7日晚压注无机固化泡沫后,直至2月8日早班,氧气浓度依旧没有下降,为15.5%,CO浓度降低了25.5%,降低幅度也不明显。从2月8日中班开始,CO,O_2 浓度开始迅速下降,到2月10日早班分为稳定在 9×10^{-6} 和6%。这是因为密闭采空区裂隙空间较大,虽然压注固化泡沫后裂隙通道被封堵,但是原有氧气依旧能维持煤自燃氧化短期内的消耗,出现了煤自燃指标气体延迟下降的现象。但是经过两个班后,最终煤自燃指标气体发生了现在的下降且下降速度越来越快,这说明无机固化泡沫在阻断氧气供给、抑制煤自燃指标气体方面能够起到良好的效果。

由图 7-18 可得,压注前,回风隅角 CO 浓度在 $14 \times 10^{-6} \sim 16 \times 10^{-6}$ 之间波动,2月 7 日晚压注无机固化泡沫后,其浓度迅速下降,最终稳定在 6×10^{-6}。这是因为压注无机固化泡沫后其能够对回风隅角后 20 m 范围内的压碎煤柱裂隙及采空区周边裂隙进行封堵,这样 4301(1)密闭采空区内的 CO 就难以随着漏风汇入到回风隅角。回风隅角的 CO 来源主要有两部分:一部分来自 4301(1)密闭采空区,另一部分来自 4303(1)工作面采空区。因此,回风隅角的封堵对这两部分 CO 来源都起到了很好的抑制作用。

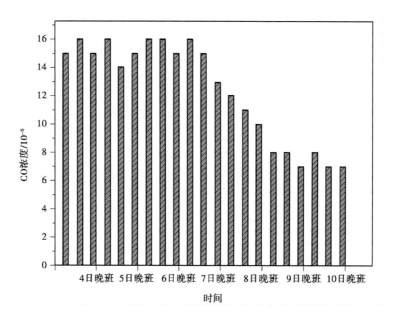

图 7-18 压注泡沫流体前后回风隅角 CO 浓度变化

参 考 文 献

[1] GREB S F. Coal more than a resource：Critical data for understanding a variety of earth-science concepts[J]. International journal of coal geology,2013(118):15-32.

[2] 韩可琦,王玉浚.中国能源消费的发展趋势与前景展望[J].中国矿业大学学报, 2004,33(1):4-8.

[3] 谢和平,吴立新,郑德志.2025年中国能源消费及煤炭需求预测[J].煤炭学报, 2019,44(7):1949-1960.

[4] 高士友,才庆祥,彭晓晴,等.2016～2020年我国煤炭需求量预测[J].煤炭技术, 2017,36(03):331-332.

[5] 乌兰.我国煤炭矿区可持续协调发展研究[M].北京:经济管理出版社,2010.

[6] STRACHER G B,TAYLOR T P. Coal fires burning out of control around the world: thermodynamic recipe for environmental catastrophe[J]. International journal of coal geology,2004,59(1):7-17.

[7] 林柏泉,常建华,翟成,等.我国煤矿安全现状及应当采取的对策分析[J].中国 安全科学学报,2006,16(5):42-46.

[8] 徐细凤,万璇.我国煤炭生产安全事故诱因的差异性研究[J].现代营销(下旬 刊),2017(8):44-46.

[9] 曾强.新疆地区煤火燃烧系统热动力特性研究[D].徐州:中国矿业大学,2012.

[10] 齐德香,蔡忠勇,曹建文,等.新疆维吾尔自治区第三次煤田火区普查报告[R]. 新疆煤田灭火工程局,2008.

[11] KUENZER C,ZHANG J Z,TETZLAFF A,et al. Uncontrolled coal fires and their environmental impact:Investigating two arid mining regions in north central China[J]. Applied geography,2007,27(1):42-62.

[12] 周福宝.瓦斯与煤自燃共存研究(Ⅰ):致灾机理[J].煤炭学报,2012,37(5): 843-849.

[13] 杨吉平.沿空掘巷合理窄煤柱宽度确定与围岩控制技术[J].辽宁工程技术大学学报(自然科学版),2013,32(1):39-43.

[14] 李学华.综放沿空掘巷围岩稳定性控制原理与技术[M].徐州:中国矿业大学出版社,2008.

[15] 刘泉声,时凯,黄兴.TBM 应用于深部煤矿建设的可行性及关键科学问题[J].采矿与安全工程学报,2013,30(5):633-641.

[16] 秦波涛,殷召元,陈东春,等.沿空掘巷工作面停采期煤自燃防治技术[J].煤炭科学技术报,2015,43(3):48-51.

[17] 张福成.浅埋易自燃煤层防灭火关键技术[J].煤矿安全,2011,42(2):35-38.

[18] 张晓梅.工作面火区封闭过程瓦斯爆炸危险性分析[D].西安:西安科技大学,2012.

[19] 刘小明,李立波,崔峰.破碎围岩大采高回撤工作面防灭火工艺应用实践研究[J].西安科技大学学报,2013,33(1):12-17.

[20] XIE Z P. Research on working face of residual coal self-ignition characteristics and early warning technology[J] Procedia engineering,2012(43):582-587.

[21] WU Y P. The safety guarantee technology of extra thick coal seam mining in tashan coal mine[J] Procedia engineering,2011(26):1263-1269.

[22] 李宗翔,衣刚,武建国,等.基于"O"型冒落及耗氧非均匀采空区自燃分布特征[J].煤炭学报,2012,37(3):484-489.

[23] ZHU H Q,LI F,GAO R,et al. Design and traction power calculation of non-interval drag pipe nitrogen injection for fire control[J] Procedia engineering,2011(26):595-601.

[24] CAO K,ZHONG X X,WANG D M,et al. Prevention and control of coalfield fire technology:a case study in the Antaibao Open Pit Mine goaf burning area,China[J] International journal of mining science and technology,2012,22(5):657-663.

[25] 秦波涛,徐琴,李鑫.三相泡沫对综放面采空区漏风的影响规律[J].中国矿业大学学报,2012,41(3):339-343.

[26] XIE Z H,LI X C,LIU M M. Application of three-phase foam technology for spontaneous combustion prevention in longdong coal mine[J]. Procedia engineering,2011(26):63-69.

[27] ZHOU F B,WANG D M,ZHANG Y J,et al. Practice of fighting fire and suppressing explosion for a super-large and highly gassy mine[J] Journal of China university of mining and technology,2007,17(4):459-463.

[28] 鲍永生.高瓦斯易燃厚煤层采空区自燃灭火与启封技术[J].煤炭科学技术,

2013,41(1):70-73.

[29] QUINTERO J A,CANDELA S A,RIOS C A,et al. Spontaneous combustion of the Upper Paleocene Cerrejón Formation coal and generation of clinker in La Guajira Peninsula(Caribbean Region of Colombia)[J]. International journal of coal geology,2009,80(3):196-210.

[30] KRASNYANSKY M. Prevention and suppression of explosions in gas-air and dust-air mixtures using powder aerosol-inhibitor[J]. Journal of loss prevention in the process industries,2006,19(6):729-735.

[31] 邓军,王楠,陈晓坤,等.高水胶体防灭火材料物化性能实验研究[J].西安科技大学学报,2011,31(2):127-131.

[32] 于水军,贾博宇.新型无氨凝胶的制备与胶凝特性研究[J].山东科技大学学报(自然科学版),2012,31(2):42-47.

[33] ZHAI X W,DENG J,WEN H,et al. Research of the air leakage law and control techniques of the spontaneous combustion dangerous zone of re-mining coal body [J]. Procedia engineering,2011(26):472-479.

[34] RAY S K,SINGH R P. Recent developments and practices to control fire in underground coal mines[J]. Fire technology,2007,43(4):285-300.

[35] ZHOU F B,SHI B B,WANG J W,et al. A new approach to control a serious mine fire with using liquid nitrogen as extinguishing media[J]. Fire technology,2015,51(2):325-334.

[36] RAY S K,BANDOPADHYAY L K,SAHAY N,et al. Microprocessor based dynamic pressure neutralization system for control of fire in sealed-off area in underground coal mines[J]. Journal of scientific & industrial research,2004,63(3):297-304.

[37] STOLTZ R T,FFANCART W J,ADAIR L,et al. Sealing a recent united states coal mine longwall gob fire[C]//Proceedings of the 11th U. S./North American mine ventilation symposium,2006(11):331-335.

[38] SAHAY N,RAY S K,AHEMED I,et al. Improvement in ventilation in a fire affected mine[J]. Journal-South African institute of mining and metallurgy,2003,103(8):465-475.

[39] 林东才,耿献文.均压防灭火技术的应用及效果分析[J].矿业安全与环保,2001,28(1):37-38.

[40] 李庆军,孙全喜,冯德谦.均压通风在七星煤矿治理火灾中的应用[J].煤矿安全,2004,35(12):29-31.

[41] 刘超.大柳塔矿复合煤层开采自燃火灾防治技术的研究与应用[D].太原:太原

理工大学,2010.

[42] 杨运良,程磊.采用均压技术防止综放采空区自然发火[J].煤矿安全,2003,34
(2):20-21.

[43] 朱红青,王翰锋,刘涛,等.自动均压系统的均压效果影响分析及研究[J].煤炭
科学技术,2005,33(5):74-76.

[44] 王德明.矿井火灾学[M].徐州:中国矿业大学出版社,2008.

[45] OGUNSOLA,O I,MIKULA,R J. A study of spontaneous combustion characteristics
of Nigerian coals [J].Fuel,1991,70(2):258-261.

[46] ANGLE C,BERKOWITZ N. Distribution of oxygen forms in Alberta low rank coals
[J].Fuel,1991,70(7):891-896.

[47] JONES J C. Steady behaviour of long duration in the spontaneous heating of a bitu-
minous coal [J]. Journal of fire sciences,1996,14(2):159-166.

[48] 隋涛.粉煤灰凝胶防灭火技术在煤矿中的研究应用[D].太原:太原理工大
学,2007.

[49] 罗振敏,邓军,杨永斌,等.煤矿井下灾区水凝胶密闭填充材料性能研究[J].中
国矿业大学学报,2007,36(6):748-751.

[50] XU Y L,WANG D M,ZHONG X X,et al. Study of inhibition characteristic of sand
suspending thickener for spontaneous combustion prevention [J].Procedia earth and
planetary science,2009,1(1):336-340.

[51] 李峰,胡琳娜.发泡水泥材料的研究进展[J].混凝土,2008(5):80-82.

[52] COLAIZZI G J. Prevention,control and/or extinguishment of coal seam fires using
cellular grout[J]. International journal of coal geology,2004,59(1):75-81.

[53] 赵大龙.无机固化膨胀充填材料特性实验研究[D].西安:西安科技大学,2014.

[54] ZHOU F B,SHI B B,LIU Y K,et al. Coating material of air sealing in coal mine:
clay composite slurry(CCS)[J]. Applied clay science,2013(80):299-304.

[55] 奚志林.矿用防灭火有机固化泡沫配制及其产生装置研究[D].徐州:中国矿业
大学,2010.

[56] 邓军,徐精彩,张辛亥.稠化胶体防灭火特性实验研究[J].西安科技学院学报,
2001,21(2):102-105.

[57] 高刚,蔡伟斌,王曦.马丽散 N 在矿井施工封闭墙防治煤层自然发火中的应用
[J].科技创新与应用,2014(6):10-11.

[58] 李法刚,王文庭,王永勤.罗克休泡沫防灭火技术在义马矿区的应用[J].煤炭
技术,2008,27(6):102-103.

[59] 靳建伟,吕智海.煤矿安全[M].北京:煤炭工业出版社,2005.

[60] 王省身,张国枢.矿井火灾学防治[M].徐州:中国矿业大学出版社,1990.

[61] REISEN F,GILLETT R,CHOI J,et al. Characteristics of an open-cut coal mine fire pollution everit[J]. Atmospherit eniroment,2017(151):140-151.

[62] 关德久.综采放顶煤采空区氮气防火技术[J].煤矿设计,1991(5):4-9.

[63] 张东坡.易自燃特厚煤层综放面采空区注氮防灭火技术研究与应用[D].太原:太原理工大学,2010.

[64] 郝宇,刘杰,王长元,等.综放工作面超厚煤层注氮防灭火技术应用[J].煤矿安全,2008,39(7):41-44.

[65] 付亚平.氮气防灭火技术在开采褐煤煤层底分层综放工作面的应用[J].煤矿安全,2006,37(3):30-32.

[66] 张建国,刘广金.氮气防灭火技术在平顶山矿区的应用[J].煤矿安全,2008,39(5):48-50.

[67] 周连春,张世明.注氮防灭火技术在火区控制中的应用[J].水力采煤与管道运输,2009(2):51-53.

[68] 杜志刚,王捧社,施玉成,等.MKY-360型二氧化碳发生器在煤矿防灭火中的应用[J].煤炭科学技术,2002,30(7):10-12.

[69] 周凤增.CO_2灭火技术在开滦集团公司的应用实践[J].煤矿安全,2006,37(5):23-26.

[70] 郝迎格,简俊常.超长综放工作面自然发火的防治技术[J].中国煤炭,2006,31(9):61-63.

[71] 赵忠,王海东,刘永军.CO_2灭火技术在天祝煤矿的成功实践[J].煤矿安全,2005,36(5):15-17.

[72] 叶建军,张军.新型防火材料:艾格劳尼在新集二矿的应用[J].矿业安全与环保,2004,31(6):70-71.

[73] 梁树平,周西华,张宏伟,等.液氮降温防灭火试验研究[J].辽宁工程技术大学学报:自然科学版,2011,29(6):1042-1045.

[74] KOCK F J. Fire fighting with nitrogen in the German coal mining industry[J]. Revue de linstitut dhygiène des mines, 1983,38(2):160-165.

[75] 王长元.煤矿液氮防灭火技术[J].煤炭工程师,1987(3):40-46.

[76] 董伟,王学兵,史波波,等.开区注液氮防灭火技术在羊场湾煤矿的研究与应用[J].煤炭工程,2011,43(12):47-49.

[77] DOU G L,WANG D M,ZHONG X X,et al. Effectiveness of catechin and poly(ethylene glycol) at inhibiting the spontaneous combustion of coal[J]. Fuel processing technology,2014(120):123-127.

[78] WANG D M,DOU G L,ZHONG X X,et al. An experimental approach to selecting chemical inhibitors to retard the spontaneous combustion of coal[J]. Fuel,2014 (117):218-223.

[79] 赵玉岐,李改云.惰性泡沫防灭火[J].河北煤炭,1997(1):12-14.

[80] 汪洪斌,牛永玲,尹辉晶.高稳定性泡沫药剂的研究[J].煤矿安全,1998,29 (6):9-11.

[81] 时虎,袁兴友,张永武,等.FR-1阻化泡沫材料的研发及在煤矿防灭火中的应用 [J].煤矿现代,2010(1):59-60.

[82] 陆伟.高倍阻化泡沫防治煤自燃[J].煤炭科学技术,2008,36(10):41-44.

[83] 田兆君,王德明,徐永亮,等.矿用防灭火凝胶泡沫的研究[J].中国矿业大学学 报,2010,39(2):169-172.

[84] MILLER M J,SCOTT FOGLER H. Prediction of fluid distribution in porous media treated with foamed gel[J]. Chemical engineering science,1995,50(20): 3261-3274.

[85] MILLER M J,KHILAR K,FOGLER H S. Aging of foamed gel used for subsurface permeability reduction[J]. Journal of colloid and interface science,1995,175(1): 88-96.

[86] 田兆君.煤矿防灭火凝胶泡沫的理论与技术研究[D].徐州:中国矿业大 学,2009.

[87] 张雷林.防治煤自燃的凝胶泡沫及特性研究[D].徐州:中国矿业大学,2014.

[88] 谢振华,栾婷婷,张宇.凝胶泡沫防灭火材料的研制及应用[J].华北科技学院 学报,2014,11(2):42-47.

[89] 于水军,余明高,谢锋承,等.无机发泡胶凝材料防治高冒区托顶煤自燃火灾 [J].中国矿业大学学报,2010,39(2):173-177.

[90] 秦波涛.防治煤炭自燃的三相泡沫理论与技术研究[J].中国矿业大学学报, 2008(4):585-586.

[91] FEILER J J,COLAIZZI G J,CARDER C. FEATURE ARTICLES-Foamed grout controls underground coal-mine fire[J]. Mining engineering,2000,52(9):58-62.

[92] MICHAYLOV M. Preventing and fighting spontaneous combustion by foam pulp in Bobov dol coal field[R]. Society for Mining,Metallurgy,and Exploration,Inc.,Littleton,CO(United States),1995:185-190.

[93] MICHAYLOV M. Aplication of technology for prevention and fighting of endogenous fires with inerting foaming pulp in Babio Mine[C]// Reports on contract 81, Archives of UMG,1992.

［94］胡相明.矿用充填堵漏风新型复合泡沫的研制［D］.徐州:中国矿业大学,2013.

［95］王帅领.煤矿井下充填堵漏泡沫材料的研制及应用［D］.徐州:中国矿业大学,2014.

［96］史美静.固体泡沫封堵材料特性实验研究［D］.阜新:辽宁工程技术大学,2012.

［97］杨海.矿用固化泡沫防灭火密闭充填新技术［J］.煤矿安全,2005,36(10):28-30.

［98］SAVOLY A. Foaming agent composition and process:US,5714001［P］.1998-02-03.

［99］SAVOLY A,ELKO D. Foaming agent composition and proeess:US,2081299［P］,2003-07-29.

［100］ISHIJIMA S, KIRITANI T, HAYASHI Y. Organic phosphoric ester containing water-dispersible as foaming agent in light-weight foamed concrete:US,4419134［P］.1983-12-06.

［101］OYASATO Y,KENTARO T I D A. Foam and method for producing the same:JP,2006096942A［P］.2006-04-13.

［102］何茂勤.泡沫混凝土的应用［J］.广东建材,2009(3):53-54.

［103］刘新菊.泡沫混凝土发泡剂的研究进展［J］.混凝土世界,2012(5):32-33.

［104］李文博.泡沫混凝土发泡剂性能及其泡沫稳定改性研究［D］.大连:大连理工大学,2009.

［105］肖红力.泡沫混凝土发泡剂性能的研究［D］.杭州:浙江大学,2011.

［106］赵铁军,高倩,王兆利.大掺量粉煤灰对泡沫混凝土抗压强度的影响［J］.粉煤灰,2002,14(6):7-10.

［107］郑念念,何真,孙海燕,等.大掺量粉煤灰泡沫混凝土的性能研究［J］.武汉理工大学学报,2009,(7):96-99.

［108］JONES M R,MCCARTHY A. Utilising unprocessed low-lime coal fly ash in foamed concrete［J］.Fuel,2005,84(11):1398-1409.

［109］JITCHAIYAPHUM K,SINSIRI T,CHINDAPRASIRT P. Cellular lightweight concrete containing pozzolan materials［J］.Procedia engineering,2011,14(11):1157-1164.

［110］KEARSLEY E P,WAINWRIGHT P J. Porosity and permeability of foamed concrete［J］.Cement and concrete research,2001,31(5):805-812.

［111］BEBEN D,"ZEE" MANKO E,et al. Influence of selected hydrophobic agents on some properties of autoclaving cellular concrete(ACC)［J］.Construction and building materials,2011,25(1):282-287.

［112］ GOUAL M S,BALI A,DE BARQUIN F,et al. Isothermal moisture properties of Clayey Cellular Concretes elaborated from clayey waste,cement and aluminium powder［J］. Cement and concrete research,2006,36(9):1768-1776.

［113］ 周顺鄂,卢忠远,严云. 泡沫混凝土导热系数模型研究［J］. 材料导报,2009,23(6):69-73.

［114］ KUNHANANDAN NAMBIAR E K,RAMAMURTHY K. Models for strength prediction of foam concrete［J］. Materials and structures,2008,41(2):247-254.

［115］ 王明梅,常志东,习海玲,等. 水基泡沫的稳定性评价技术及影响因素研究进展［J］. 化工进展,2005,24(7):723-728.

［116］ 陈伟章,徐国财,章建忠,等. 复合表面活性剂溶液体系的超起泡性能研究［J］. 精细与专用化学品,2007,15(Z1):21-24.

［117］ 孙其诚,黄晋. 液态泡沫结构及其稳定性［J］. 物理,2006,35(12):1050-1054.

［118］ 何平笙. 新编高聚物的结构与性能［M］. 北京:科学出版社,2009.

［119］ 丁立亲. 浮选的理论与实践［M］. 北京:煤炭工业出版社,1987.

［120］ SCHUBERT H,BISCHOFBERGER C. On the optimization of hydrodynamics in flotation processes［C］// Proceedings of the 13th International Mineral Processing Congress,1979.

［121］ JOWETT A,白世斌,陈万雄. 浮选中矿粒-气泡集合体的形成和破裂［J］. 国外金属矿选矿,1982,1919(5):20-34.

［122］ YOON R H,LUTTRELL G H,ADEL G T,et al. Reeent advances in fine coal flotation［M］. Virginia:Society of Mining Engineers. Littleton. co. ,1989.

［123］ GARRETT P R,WICKS S P,FOWLES E. The effect of high volume fractions of latex particles on foaming and antifoam action in surfactant solutions［J］. Colloids and surfaces A:physicochemical and engineering aspects,2006(282):307-328.

［124］ WEAIRE D, HUTZLER S. The physics of foams ［M］. Dublin:Clarendon Press,1999.

［125］ BARTSCH O. Beitrag zur Theorie des Schanmsehwlrnrnverfahrens ［J］. Kolloidchemisehe beihefte,1924,20(1/2/3/4/5):50-77.

［126］ HAUSEN D M. Diagnosis of froth and emulsion problems in flotation and froth extraction units［J］. Canadian metallurgical quarterly,1974,13(4):659-668.

［127］ BINKS B P. Particles as surfactants:similarities and differences［J］. Current Opinion in colloid and interface science,2002,7(1):21-41.

［128］ JOHANSSON G,PUGH R J. The influence of particle size and hydrophobicity on the stability of mineralized froths［J］. International journal of mineral processing,

1992,34(1):1-21.

[129] TANG F Q,XIAO Z,TANG J A,et al. The effect of SiO_2 particles upon stabilization of foam[J]. Journal of colloid and interface science,1989,131(2):498-502.

[130] VELIKOV K P,DURST F,VELEV O D. Direct observation of the dynamics of latex particles confined inside thinning Water-Air films[J]. Langmuir,1998,14(5): 1148-1155.

[131] ZHANG S X,SUN D J,DONG X Q,et al. Aqueous foams stabilized with particles and nonionic surfactants[J]. Colloids and surfaces A:physicochemical and engineering aspects,2008,324(1):1-8.

[132] HUDALES J B M,STEIN H N. The influence of solid particles on foam and film drainage[J]. Journal of colloid and interface science,1990,140(2):307-313.

[133] KAPTAY G. Interfacial criteria for stabilization of liquid foams by solid particles [J]. Colloids and surfaces A:physicochemical and engineering aspects,2003,230 (1):67-80.

[134] KAM S I,ROSSEN W R. Anomalous capillary pressure,stress,and stability of solids-coated bubbles[J]. Journal of colloid and interface science,1999,213(2): 329-339.

[135] SIMONE A E,GIBSON L J. Aluminum foams produced by liquid-state processes [J]. Acta materialia,1998,46(9):3109-3123.

[136] MA L Q,SONG Z L. Cellular structure control of aluminium foams during foaming process of aluminium melt[J]. Scripta materialia,1998,39(11):1523-1528.

[137] GERGELY V,CLYNE B. The FORMGRIP process:Foaming of reinforced metals by gas release in precursors[J]. Advanced engineering materials,2000,2(4):175-178.

[138] FYRILLAS M M,KLOEK W,VAN VLIET T,et al. Factors determining the stability of a gas cell in an elastic medium[J]. Langmuir,2000,16(3):1014-1019.

[139] DICKINSON E,ETTELAIE R,KOSTAKIS T,et al. Factors controlling the formation and stability of air bubbles stabilized by partially hydrophobic silica nanoparticles [J]. Langmuir,2004,20(20):8517-8525.

[140] 王振平. 矿井采掘工作面粉尘控制关键技术及其工艺设备的研究与开发[R]. 济宁:兖州煤业股份有限公司,2008.

[141] SUN Y Q,GAO T. The optimum wetting angle for the stabilization of liquid-metal foams by ceramic particles:Experimental simulations[J]. Metallurgical and materials transactions A,2002,33(10):3285-3292.

[142] IP S W,WANG S W,TOGURI J M. Aluminum foam stabilization by solid particles [J]. Canadian metallurgical quarterly,1999,38(1):81-92.

[143] RIO E,DRENCKHAN W,SALONEN A,et al. Unusually stable liquid foams[J]. Advances in colloid and interface science,2014(205):74-86.

[144] SAMANTA S,GHOSH P. Coalescence of bubbles and stability of foams in aqueous solutions of Tween surfactants[J]. Chemical engineering research & design,2011, 89(11):2344-2355.

[145] KRACHT W,REBOLLEDO H. Study of the local critical coalescence concentration (l-CCC)of alcohols and salts at bubble formation in two-phase systems[J]. Minerals engineering,2013(50):77-82.

[146] 湖南大学,等. 土木工程材料[M]. 北京:中国建筑工业出版社,2002.

[147] LUKAS W. Substitution of Si in the lattice of ettringite[J]. Cement and concrete research,1976,6(2):225-233.

[148] GRANDNER S,KLAPP S H L. Surface-charge-induced freezing of colloidal suspensions[J]. Europhysics letters,2010,90(6):68004.

[149] KARAKASHEV S I,MANEV E D,TSEKOV R,et al. Effect of ionic surfactants on drainage and equilibrium thickness of emulsion films[J]. Journal of colloid and interface science,2008,318(2):358-364.

[150] WANG M,DU H,GUO A,et al. Microstructure control in ceramic foams via mixed cationic/anionic surfactant[J]. Materials letters,2012(88):97-100.

[151] NIKOLOV A D,WASAN D T. Ordered micelle structuring in thin films formed from anionic surfactant solutions Ⅰ. experimental[J]. Journal of colloid and interface science,1989,133(1):1-12.

[152] ANACHKOV S E,DANOV K D,BASHEVA E S,et al. Determination of the aggregation number and charge of ionic surfactant micelles from the stepwise thinning of foam films[J]. Advances in colloid and interface science,2012(183):55-67.

[153] LIU Q,ZHANG S Y,SUN D J,et al. Aqueous foams stabilized byhexylamine-modified Laponite particles[J]. Colloids and surfaces A:physicochemical and engineering aspects,2009,338(1):40-46.

[154] GAMS M,TRTHNIK G. A new US procedure to determine setting period of cement pastes, mortars, and concretes [J]. Cement and concrete research, 2013(53): 9-17.

[155] 中华人民共和国国家质量监督检验检疫总局,中国国家标准化管理委员会. 水泥标准稠度用水量、凝结时间、安定性检验方法:GB/T 1346—2011[S]. 北京:

中国标准出版社,2012.

[156] 中华人民共和国住房和城乡建设部.普通混凝土拌合物性能试验方法标准：GB/T 50080—2017[S].北京:中国标准出版社,2017.

[157] 范丽龙,杨杨,朱伯荣,等.泡沫混凝土凝结时间的实验研究[J].新型建筑材料,2012,39(7):46-48.

[158] MALTESE C,PISTOLESI C,BRAVO A,et al. A case history:Effect of moisture on the setting behaviour of a Portland cement reacting with an alkali-free accelerator [J]. Cement and concrete research,2007,37(6):856-865.

[159] PRUDENCIO L R. Accelerating admixtures for shotcrete[J]. Cement & concrete composites,1998,20(2):213-219.

[160] WON J P,CHOI B R,LEE J W. Experimental and statistical analysis of the alkali-silica reaction of accelerating admixtures in shotcrete[J]. Construction and building materials,2012(30):330-339.

[161] LANDWERMEYER J S,RICE E K. Comparing quick-set and regular CLSM[J]. Concrete international,1997,19(5):34-39.

[162] AHMED R,TAKACH N,KHAN U M,et al. Rheology of foamed cement[J]. Cement and concrete research,2009,39(4):353-361.

[163] STARK J. Recent advances in the field of cement hydration and microstructure analysis[J]. Cement and concrete research,2011,41(7):666-678.

[164] OTHUMAN A,WANG Y. Elevated-temperature thermal properties of lightweight foamed concrete[J]. Construction and building materials,2011,25(2):705-716.

[165] MYDIN A O,WANG Y. Structural performance of lightweight steel-foamed concrete-steel composite walling system under compression [J]. Thin-walled structures,2011,49(1):66-76.

[166] HASHIN Z,SHTRIKMAN S. A variational approach to the theory of the effective magnetic permeability of multiphase materials [J]. Journal of applied physics,1962,33(10):3125-3131.

[167] LANDAUER R. The electrical resistance of binary metallic mixtures[J]. Journal of applied physics,1952,23(7):779-784.

[168] 欧阳小龙,多孔介质局部非热平衡效应的基础问题研究[D].北京:清华大学,2014.

[169] COQUARD R,BAILLIS D. Numerical investigation of conductive heat transfer in high-porosity foams[J]. Acta materialia,2009,57(18):5466-5479.

[170] KRISHNAN S,MNRTHY J Y,GARIMELLA S V. Direct simulation of transport in

open-cell metal foam[C]//Prcedings of ASME Conference on ASME 2005 International Mechanical Engineering Congress and Exposition,2008:597-604.

[171] WANG M R,PAN N. Modeling and prediction of the effective thermal conductivity of random open-cell porous foams[J]. International journal of heat and mass transfer,2008,51(5):1325-1331.

[172] 朱明,王方刚,张旭龙,等. 泡沫混凝土孔结构与导热性能的关系研究[J]. 武汉大学学报,2013,35(3):20-25.

[173] 中华人民共和国质量监督检验检疫总局. 水密度测定方法:GB/T 208—2014[S]. 北京:中国标准出版社,2014.

[174] 中华人民共和国城乡和住房建设部. 泡沫混凝土:JG/T 266—2011[S]. 北京:中国标准出版社,2011.

[175] WOODSIDE W,MESSMER J H. Thermal conductivity of porous media. I. unconsolidated sands[J]. Journal of applied physics,1961,32(9):1688-1699.

[176] 王贞尧,吴晓,王圣妹,等. 含有结构水的多孔材料导热系数研究及预测[J]. 无机材料学报,1987(2):183-188.

[177] LU Y,QIN B T. Identification and control of spontaneous combustion of coal pillars:a case study in the Qianyingzi Mine,China[J]. Natural hazards,2015,75(3):2683-2697.

[178] VERDOLOTTI L,DI MAIO E,LAVORGNA M,et al. Hydration-induced reinforcement of rigid polyurethane-cement foams:mechanical and functional properties[J]. Journal of materials science,2012,47(19):6948-6957.

[179] HUNG T C,HUANG J S,WANG Y W,et al. Microstructure and properties of metakaolin-based inorganic polymer foams[J]. Journal of materials science,2013,48(21):7446-7455.

[180] LIM S K,TAN C S,LIM O Y,et al. Fresh and hardened properties of lightweight foamed concrete with palm oil fuel ash as filler[J]. Construction and building materials,2013(46):39-47.

[181] LUO X,XU J Y,BAI E L,et al. Mechanical properties of ceramics-cement based porous material under impact loading[J]. Materials & design,2014(55):778-784.

[182] HUANG J S,DER LIU K. Mechanical properties of cement foams in shear[J]. Journal of materials science,2001,36(3):771-777.

[183] RAMAMURTHY K,KUNHANANDAN NAMBIAR E K,INDU SIVA RANJANI G. A classification of studies on properties of foam concrete[J]. Cement and concrete composites,2009,31(6):388-396.

[184] HU X M,WANG D M,WANG S L. Synergistic effects of expandable graphite and dimethyl methyl phosphonate on the mechanical properties,fire behavior,and thermal stability of a polyisocyanurate-polyurethane foam[J]. International journal of mining science and technology,2013,23(1):13-20.

[185] 鲁义,秦波涛,平万森.有机矿物固化泡沫的研制及应用[J].金属矿山,2011 (8):143-146.

[186] CHINDAPRASIRT P,JATURAPITAKKUL C,SINSIRI T. Effect of fly ash fineness on compressive strength and pore size of blended cement paste[J]. Cement and concrete composites,2005,27(4):425-428.

[187] ZHU S Y,JIANG Z Q,ZHOU K J,et al. The characteristics of deformation and failure of coal seam floor due to mining in Xinmi coal field in China[J]. Bulletin of engineering geology and the environment,2014,73(4):1151-1163.

[188] BEKOZ N,OKTAY E. Mechanical properties of low alloy steel foams:Dependency on porosity and pore size[J]. Materials science and engineering:A,2013,576(8):82-90.

[189] JERATH S,HANSON N. Effect of fly ash content and aggregate gradation on the durability of concrete pavements[J]. Journal of materials in civil engineering, 2007,19(5):367-375.

[190] ISMAIL I,BERNAL S A,PROVIS J L,et al. Influence of fly ash on the water and chloride permeability of alkali-activated slag mortars and concretes[J]. Construction and building materials,2013,48(11):1187-1201.

[191] MA Y,HU J,YE G. The effect of activating solution on the mechanical strength,reaction rate,mineralogy,and microstructure of alkali-activated fly ash[J]. Journal of materials science,2012,47(11):4568-4578.

[192] 顾军,尹会存,高德利,等.泡沫水泥稳定性研究[J].油田化学,2004(4):307-309.

[193] FORQUIN P,ARIAS A,ZAERA R. Role of porosity in controlling the mechanical and iMPact behaviours of cement-based materials[J]. International Journal of impact engineering,2008,35(3):133-146.

[194] HASSELMAN D P H,FULRATH R M. Effect of small fraction of spherical porosity on elastic moduli of glass[J]. Journal of the american ceramic society, 1964, 47(1):52-53.

[195] BALSHIN M Y. Relation of mechanical properties of powder metals and their porosity and the ultimate properties of porous metal-ceramic materials[J]. Dokl akad

nauk SSSR. 1949,67(5):831-834.

[196] RYSHKEWITCH E. Compression strength of porous sintered alumina and zirconia [J]. Journal of the american ceramic society,1953,36(2):65-68.

[197] SCHILLER K K. Strength of porous materials[J]. Cement and concrete research, 1971,1(4):419-422.

[198] LIAN C,ZHUGE Y,BEECHAM S. The relationship between porosity and strength for porous concrete [J]. Construction and building materials, 2011, 25 (11): 4294-4298.

[199] MYERS J. Use of high strength/high performance concrete in America:a code and application perspective[C]//8th International Symposium on Utilization of High-strength and High-performance Concrete. Tokyo,2008:13-22.

[200] TONYAN T D,GIBSON L J. Strengthening of cement foams[J]. Journal of materials science,1992,27(23):6379-6386.

[201] LU Y,QIN B T. Experimental investigation of closed porosity of inorganic solidified foam designed to prevent coal fires[J]. Advances in materials science and engineering, 2015,2015:1-9.